U0595785

DAODE XIUYANG PEIYANG
YINGGAI ZHUYI DE WUQU

道德修养培养
应该注意的误区

王 可 编著

中国出版集团
现代出版社

图书在版编目（CIP）数据

道德修养培养应该注意的误区／王可编著 . — 北京：
现代出版社，2011. 9（2025 年 1 月重印）
ISBN 978 - 7 - 5143 - 0303 - 2

Ⅰ . ①道… Ⅱ . ①王… Ⅲ . ①思想修养 - 青年读物
②思想修养 - 少年读物 Ⅳ . ①D432. 63

中国版本图书馆 CIP 数据核字（2011）第 146283 号

道德修养培养应该注意的误区

编　著	王　可
责任编辑	杨学庆
出版发行	现代出版社
地　址	北京市安定门外安华里 504 号
邮政编码	100011
电　话	010 - 64267325　010 - 64245264（兼传真）
网　址	www. 1980xd. com
电子信箱	xiandai@ vip. sina. com
印　刷	三河市人民印务有限公司
开　本	710mm ×1000mm　1/16
印　张	13
版　次	2011 年 10 月第 1 版　2025 年 1 月第 9 次印刷
书　号	ISBN 978 - 7 - 5143 - 0303 - 2
定　价	49. 80 元

版权所有，翻印必究；未经许可，不得转载

前　言

　　人类是群体生存的高级动物，在群体的生活与生产中，离不开合作与交往，道德修养是人类人格健全的重要因素之一。因此，提高青少年的道德修养，走出青少年在道德修养中的误区，创造美好、快乐的校园学习生活，对健全青少年的人格是非常重要的。

　　我们知道，在商业发达的现代社会中，人们的物质欲望无限膨胀，由此导致很多人在道德修养方面的堕落，甚至走上犯罪的道路，因此，培养青少年的道德修养，对青少年将来走向社会，具有非常重要的意义。

　　但是，青少年心理上的稚嫩和道德修养知识的缺乏，使得自己常常走入一些不该有的误区，发生很多不愉快，令自己郁闷、失望、尴尬的事情，使自己陷入孤独和苦恼的境地。本书从实际生活出发，指出了青少年在道德修养方面常犯的错误，并提出了正确的建议，是一本青少年朋友不可不读的好书。

　　中国作为一个具有悠久文化的文明古国，素有"以德治国"和"礼仪之邦"之美称，讲究道德修养和礼仪规范，目的就是为了实现社会生活中的互相尊重和理解，从而达到人与人之间关系的快乐与和谐。从一个人的道德修养中，就能展现出人的品德与魅力，它体现着一个人对他人和社会的认知水平、尊重程度，是一个人的学识、修养和价值的内在体现。一个人只有在尊重他人的前提下，自己才会被他人尊重，人与人之间的和谐关系，也只有在这种互相尊重的过程中，才会逐步建立起来。

　　一个社会的公共文明水平，可以折射出一个社会一个国家的文明程度，

公共文明又建立在个人的道德修养水平之上，个人的修养是根本。良好的道德修养的形成，可以转化为一个人内在的性格、情操，个人修养不仅涉及个人的自身形象，而且事关学校、社会乃至国家和民族的整体的内在修养和外在形象。

本书分交往篇、校园篇、心态篇、生活篇、处事篇、做人篇六篇内容来讲述道德修养的各方面，是一本全面阐述青少年道德修养的书籍。做事先做人，做人先修心。希望读者通过阅读本书，能够提高个人修养，真正做到知书达理、会处世、会做人。

目 录
Contents

交往篇

校园篇

心态篇

生活篇

做人篇

交往篇

误区 1：无须对所有人真诚和尊重

误区描述：在人际交往中，对有些人无须以诚相待，也无须对其尊重。

分析与纠正：苏格拉底曾言："不要靠馈赠来获得一个朋友，你须贡献你诚挚的爱，学习怎样用正当的方法来赢得一个人的心。"可见在与人交往时，真诚尊重是礼仪的首要原则，只有真诚待人才是尊重他人，只有真诚尊重，方能创造和谐愉快的人际关系，真诚和尊重是相辅相成的。

真诚是对人对事的一种实事求是的态度，是待人真心实意的友善表现，真诚和尊重首先表现为对人不说谎、不虚伪、不骗人、不侮辱人，所谓"骗人一次，终身无友"；其次表现为对于他人的正确认识，相信他人、尊重他人，所谓心底无私天地宽，真诚的奉献，才有丰硕的收获，只有真诚的尊重方能使双方心心相印，友谊地久天长。

虽然真诚和尊重是重要的，然而在社交场合中，真诚和尊重也表现为许多误区：一种是在社交场合，一味地倾吐自己的所有真诚，甚至不管对象如何；一种是不管对方是否能接受，凡是自己不赞同的或不喜欢的一味地抵制排斥，甚至攻击。如果在社交场合中，陷入这样的误区也是糟糕的。故在社交中，必须注意真诚和尊重的一些具体表现，在你倾吐忠言时，有必要看一下对方是否是自己真能倾吐肺腑之言的知音，如对方压根儿不喜欢听你的真诚的心声，那你就徒劳了。

另外，如对方的观点或打扮等你不喜欢、不赞同，也不必针锋相对地

批评他，更不能嘲笑或攻击，你可以委婉地提出或适度地有所表示或干脆避开此问题。有人以为这是虚伪，非也，这是给人留有余地，是一种尊重他人的表现，自然也是真诚在礼貌中的体现，就像在谈判桌上，尽管对方是你的对手，也应彬彬有礼，显示自己尊重他人的大将风度，这既是礼貌的表现，同时也是心理上战胜对方的表现。要表现你的真诚和尊重，在社交场合，切记三点：给他人充分表现的机会，对他人表现出你最大的热情，给对方永远留有余地。

误区2：对待老人，哄哄就好了

误区描述：老来少，老人像孩子，哄哄就可以了，不必认真。

分析与纠正：孝敬老人是我们中华民族的优良传统之一，过去有句古话说：人生在世，孝字当先。有的地方也这么说：作为人子，孝道当先。意思是相同的。实际上尊敬老年人是个世界性的问题，像美国对老年人就有许多优惠待遇，如坐火车买车票时价格优惠许多等。从老年人本身来说，他们的阅历丰富，经验很多，为社会做出了很多贡献，现在年纪大了，再不能像青壮年一样工作了，但是，他们的大量知识、丰富经验是整个社会的宝贵财富，会毫不保留地传授给青壮年，作为社会不断发展、不断前进的推动力量。

因此，老年人理应受到社会的尊敬和重视。事实上，社会越发展，文明程度越高，尊老敬老的风气就应该越浓。从另一个角度来说，对待老年人的态度就是社会文明程度和社会风气好坏的一个显著标志。对老年人越尊敬，越能激发老年人对社会的爱心和责任感，越能把自己多年积累的知识、经验、教训传授给后代人，也越能启迪青壮年人更加奋发图强，为社会多做贡献。尊敬老年人的一些具体礼仪知识有如下几点应该特别注意。

1. 见到老年人以后要说敬语。敬语的运用要根据当时当地的具体情况。像青少年们见到了老年人，应该称呼大爷、奶奶，如说"李大爷您好"，"王奶奶身体还好吗"；如果是壮年人，见了老年人后应该称呼您老或大伯、大婶，像说"您老好"，"刘大婶身体还硬朗吗"，"张大伯您早"等。现在有一些人见了老年人不使用敬语，经常连一个您字也没有，有的人就直呼老头儿、老太婆。这是很不礼貌的表现，表明这些人连起码的教养都没有，更不要说什么礼仪修养了。

2. 对待老年人必须从心底里要有一种尊敬的感情。例如在公共汽车上、地铁里主动让个座位，上下车时主动让老年人先上下，或帮助拿一下东西、扶一下等；遇到老年人时，根据当时的具体情况，或起立、或下车、或行礼、或问候、或谦让、或主动为其服务等。这些事情看起来虽然很微小，但是却能表现一个人的精神风貌和内在涵养。如果能这样对待外国客人，就表现了我们中华民族的优良传统和整个社会的文明进步。

3. 要不断向老年人学习。我们不仅要尊敬老年人，而且要虚心地向老年人学习，学习他们的社会经验、科学知识、人生教训、做人的道理和方法、修身养性的秘诀。老年人的丰富阅历本身就是人生的无价之宝，如果是一位聪明的青壮年，就应该自觉地向老年人学习，这样就如虎添翼，前途无量。任何一个正常的老年人，都有很多让我们学习的东西，关键在于我们每个人自己的学习态度和学习方法。

误区3：不必在意语言修养

误区描述：看一个人不要看他说得多么好听，而要看他做的怎样。

分析与纠正：根据《辞海》的解释：语言即人类所特有的用来表情达意、交流思想的工具，由语音、词汇、语法构成的符号体系，有口语和书面语之分。

语音类的修养指通过不同的语音来表示礼仪的意思，即通过声音的高低、音色、语速、声调来暗示不同的意义。比如，同样是一个"先生，早上好"，如用不同的语音来表达，那么所传递的含义就有所不同。如采用一种平淡的、毫无激情、甚至是很低的音调来表达的，同用亲切的、富有激情的、高昂的音调所传递的含义就有差距。

口头修养即通过口头语言的方式所表达的修养，即以谈话的方式表示礼节和修养。这种礼仪往往最多地被使用在人际交往中，与人相见相谈，

首先要互相问好，相谈结束，要互相道别，这均是通过口头语言来表达的，故在迎来送往时，口语是最常见的。口语表达要注意时间原则、地点原则、对象原则。所谓时间原则，即不同的时间应有不同的口语礼仪。

比如白天上学时间和晚会时的口语礼仪就不同，上学时，同学相见问声好便可，如在晚会上，那么口语就应相对复杂些，除了问好之外，还可以给予适当的交流。地点原则即不同的地点口语礼仪的表达就应有所区别。对象的原则即不同的人就应有不同的口语礼仪表示。不同民族、不同国家的人自然有所不同，同一个国家的人，也可能因年龄、职位等的不同而有所区别。

书面语修养即通过书面语的方式表达的礼仪。这种礼仪行为不是直接在面谈时表现的，而是在非面对面人际交往时所动用的。书面语礼仪往往通过感谢信、贺电、函电、唁电、请柬、祝辞等礼仪书信形式来传情达意。

语言表达应简明扼要、切忌啰嗦重复。有分寸指语言表达要适度，既不要伤害对方，又不能损伤自尊心。在语言上表达出情和理的分寸，以体现自己的情操和修养。

误区4：玩笑可以随便开

误区描述：爱开玩笑的人一般都比较受欢迎，所以，多开玩笑就会有好的人际关系。

分析与纠正：朋友之间相处，开玩笑是经常发生的事。但开玩笑要适度，不能违背礼仪修养。过度的玩笑常常会适得其反，引起不良的后果发生。

那么，这个"度"应如何掌握呢？

1. 要根据说话的对象来确定。人的性格各不相同，有的活泼开朗，有的大度豁达，有的则谨小慎微。对于不同性格的人，开玩笑就要因人而异。

对于性格开朗、宽容大度的人，稍多一点玩笑，往往可使气氛活跃；

对于谨慎小心的人，则应少开玩笑；

对于女性，开玩笑要适当；

对于老年人，开玩笑时应更多地注意给予对方尊重。

从总体上说，就是要看说话对象的特点和承受力如何，以不伤害对方的自尊心和让对方感到轻松、愉快为准。

2. 要根据说话对象的情绪来确定。同一个人，在不同的时间里可能会有不同的心境和情绪。当说话对象在生活或学习中遇到不幸和烦恼时，情绪就比较低落，这时需要的是安慰和帮助。如在这时去和对方开玩笑，弄不好对方会认为你是在幸灾乐祸。因此，开玩笑应选择在大家心情都比较舒畅时，或是在对方因小事而不高兴，并能通过笑话把对方的情绪扭转过来时为好。

3. 要按说话时的场合、环境来确定。在安静的环境中，如别人正在专心致志地学习和工作时，开玩笑会影响别人的学习和工作；在庄重的集会或重大的社会活动场合，开玩笑会冲淡庄重的气氛；在一些悲哀的环境中，如参加追悼会或去探望病人时，不宜开玩笑，这样会引起人们的误解。此外，在大庭广众之前，也应尽量不要打趣逗笑。

4. 开玩笑一定要注意内容健康，幽默风趣，情调高雅。切忌拿别人的生理缺陷开玩笑，把自己的快乐建立在别人的痛苦之上。同时，还要忌开庸俗无聊、低级下流的玩笑。开玩笑的内容应带有思想性、知识性和趣味性，使大家在开玩笑中学到知识，受到教育，陶冶情操，从中收到积极的效果。

误区 5：起绰号有亲切感

误区描述： 绰号很好玩，又生动、亲切、形象、好记，一生难忘，因此，给周围的人起个绰号是个不错的主意。

分析与纠正： 绰号即外号，它是根据别人的特点而人为产生的。有的绰号，如称中国女排名将郎平为"铁榔头"，称英国前首相撒切尔夫人为"铁娘子"等，这是一种带褒义的美称，这是包括本人在内都乐于接受的。但是有的是针对别人的生理缺陷而带有侮辱性的绰号，这种专揭别人短处的绰号一定要忌起。

我们有些同学与人相处，不爱喊人名字，专爱根据别人长相与性格，喊别人绰号。那些难听的、甚至带有恶意的绰号，常使被喊的人十分尴尬，翻脸又不好，心里不是滋味。我们讲百人百性，千人千面。性格是十几年或几十年形成的，长相是爹妈给的。有很多人已为自己的长相和性格苦恼不堪，可有人就爱去挑别人毛病给人起绰号。殊不知这样做既伤害了对方，又显示了自己低级趣味。何必做这种损人又不利己的事情呢？

那么，如何改掉这个毛病呢？

1. 要尊重同学，要富于同情心

同学之间，是姐妹兄弟，我们应该彼此之间互相尊重，互相爱护。同学长相有缺陷，已经很痛苦，我们就应该避免讲刺伤他的话；要设身处地为他人着想，把别人的痛苦，看成是自己的痛苦；要用语言去宽慰别人。如果这一切都成为你与同学相处的准则，你就再也不会喊别人的绰号。

2. 站在对方的立场想一想

不要看到别人胖一点，就喊别人"猪"，看到别人瘦一点就喊别人"猴"。假如你长得胖一点，别人喊你"猪"你是作何感想？你也会有缺陷，长相没有，性格上也会有，人无完人。"己所不欲，勿施于人。"不要把自己的快乐建立在别人的痛苦之上，因为别人同样可以把快乐建立在你的痛苦之上。

3. 要培养自己的高雅情趣，摒弃一些庸俗的东西

人的情趣是与道德、理想、艺术等密切联系的。情趣有高雅、低俗之分。庸俗情趣是平庸鄙俗、不高尚的情趣，它会使人经受不住不良诱惑，贪图安逸享乐，不思进取，精神颓废，不利于身心健康，并且有可能走向犯罪；高雅情趣则能使人追求健康文明的生活方式，能使人修身养性，经常保持一种良好的心境，有益于身心健康。作为一个有高雅情趣的人，是决不会庸俗地喊别人绰号的。

总之，尽管绰号并非都具有侮辱性，但故意给人取不雅的绰号，不分场合随意喊别人的绰号，其实质是取笑别人，是一种不尊重人的表现，侵犯了别人的人格尊严。起绰号不仅反映了一个人的生活情趣，也反映了一

个人的文化修养、心理素质和伦理道德等问题。因此，我们必须坚决改掉这个坏习惯。

误区6：该发怒时就发怒

误区描述：认为人人都是有脾气的，人要活得真实才会幸福，愤怒时无需压抑自己，该发怒时就发怒。

分析与纠正：在社交场合中随便发怒，会造成两种不良的后果：

1. 对发怒的对象不友好，它会伤了和气和感情，失去朋友、同学之间的友谊与信任。

2. 对发怒者不利，一方面对本人的身体状况产生不良的影响；另一方面对发怒者的形象有不良的影响，人们会认为他缺乏修养，不宜深交。

在社会生活中，人们适应环境，并求得环境的认可和接受，也是一种本能的表现，它在社会交往中主要表现为与朋友、同学友好相处，不发怒或不发脾气，并从多方面克制自己。

首先，遇事要冷静思考。

其次，要多为对方着想，站在对方的角度考虑问题，从中找出自己的缺点，以便更好地修正自己的看法；此外，对人要平和礼貌。每个人都有自己独立的人格和独特的个性，都有着各自的生活习性和兴趣爱好，都有着不受他人干涉的生活领域。尊重他人，事实上也是在尊重自己。对人平和礼貌，可以表现自己的修养、风格和气度，可以树立起自己良好的威信，可以赢得更多朋友的信赖和尊重。

误区7：打探别人的隐私

误区描述：认为了解是信任的基础，知根知底才会放心，打探对方的隐私才会更加信任对方。

分析与纠正：在日常交往中热衷于打探他人个人隐私的人，总是令人

讨厌的。这一点在西方显得尤为突出。个人隐私所包括的面很广，如个人收入情况、女士年龄、夫妻情感、他人家庭生活等等，都属于个人隐私的范畴。

在西方人的交往中，"探问女士的年龄"被看成是最不礼貌的习惯之一，所以西方人在日常应酬中可以对女士毫无顾忌地大加赞赏，却不去过问对方的年龄。但是中国人就不同了，有的人常常一见面便问人家"芳龄几何"，弄得女士们答也不好，不答也不好，只好在以后的应酬中尽量避免与之接触。

探问女士的年龄，往往会被女士们误认为你心怀不轨，所以对你产生厌烦情绪。笔者有一个同学胡君，好像是天生的就有这么一个爱好，总是喜爱打听女士的年龄。每次与女士见面，不论熟悉的还是首次见面的，谈论不到三分钟，他就会不失时机地向对方发问："你今年多大了?"致使许多女士们不愿意与他接触，即使不得已见了面，也是打个哈哈便离他而去。这便是探听个人隐私在应酬中的失败。

中国人似乎都有一大爱好，那就是特别注意他人的隐私，而且尤以注意名人的隐私为重。那些街头小报一旦出现了一篇有关某某名人的隐私，如"某某离婚揭秘"、"某某情变内幕"之类，肯定会被哄抢一空。在日常应酬中笔者也常常听到这样的问话："你和你老婆的感情怎么样?"这种问题便让人难于回答，因为这纯属个人隐私问题，而且夫妻感情往往都是非常微妙的，是根本无法用语言能够说得准确透彻的，所以对这类问题，对方即使顾于情面当时回答了你，心里也会对你产生厌烦的。

所以在社交中能够避免探问对方隐私的嫌疑，这本身便是应酬成功的第一步。因此在你打算向对方提出某个问题的时候，最好是先在脑中过一遍，看这个问题是否会涉及到对方的个人隐私，如果涉及到了，要尽可能地避免，这样对方不仅会乐于接受你，还会为你在应酬中得体的问话与轻松的交谈而对你留下好印象，为继续交往打下了良好的基础。

在日常应酬中，涉及隐私的主要有以下几个方面：

1. 女士的年龄；

2. 职位情况及经济收入；

3. 家庭内务及存款；

4. 夫妻感情；

5. 身体（疾病）情况；

6. 私生活；

7. 不愿公开的个人计划；

8. 不愿意为人所知的隐秘。

误区 8：反击一个人就要击中要害

误区描述：反击一个人就要攻击他的要害，就要攻击他的最痛处。

分析与纠正：暴露自己的隐私，对任何人来说，都不是令人愉快的事。不去提及他人平日认为弱点的地方，才是待人应有的礼仪。尤其是身体上的缺陷，千万别用侮辱性的言语攻击他人身上的缺陷。

一般人即使在盛怒之下，通常也不会扩散愤怒的余波，但其中也有人在激怒下拿起手边的玻璃杯往地上摔。但玻璃杯摔完了就没有其他东西可摔了，所以充其量也只不过是自己损失几个杯子而已。

可是，商场上或一般社会的现象又如何呢？某些特殊人物盛怒时那真是相当可怕的事情。平日相当友善的同伴，虽不至于大吼："杀掉那家伙！"但个人的立场和利害关系，总归是利害关系，至少也会演变成"杀了你"的结果。有些人为了在公司的前途，不得不牺牲别人。对于商场来说，"杀了你"意味着调职、开除等人事变动。如果你也是经商人士的话，"杀了你"或许就是代表对方的拒绝往来或"关系冻结"。

在中国素有所谓"逆鳞"之说，即使再驯良的龙，也不可掉以轻心。龙的喉部之下约直径一尺的部分上有逆鳞，全身只有这个部位的鳞是反向生长的，如果不小心触到这一逆鳞，必会被激怒的龙所杀。其他的部位任你如何抚摸或敲打都没关系，只有这一片逆鳞无论如何也接近不得，即使轻轻抚摸一下也犯了大忌。

所以，我们可以由此得知，无论人格多高尚多伟大的人，身上都有"逆鳞"存在。只要我们不触及对方的"逆鳞"就不会惹祸上身。所以说所谓的"逆鳞"就是我们所说的"痛处"，也就是缺点、自卑感，在人际关系的发展上，我们有必要事先研究，找出对方"逆鳞"所在位置，以免有所冒犯。

然而，世间的性格类型却是千奇百怪。我们说左，他说右，那我们说右嘛，他偏又非说左不可，像这样永远和别人唱反调的人也不少。就算不至于如此偏激，但也有人总固执地坚持自己的立场，或自己的意见明明是少数意见，却绝不接受他人的任何意见，也有人顽固地认定只有自己的作法和想法才是天底下最正确的。当然也有掩藏自己心底的企图而试探对方的心意，不惜唯唯诺诺，奉承拍马屁，迎合对方口气，一探虚实的人。

误区 9：对有些人不能客气

误区描述：有些人很不像话，脸皮又厚，对于这种人就要不客气，就得加倍指责。

分析与纠正：有一位李先生，喜欢跟别人争辩，借以卖弄自己的学识而已，如果你不跟他争辩，他倒也不会来麻烦你，伤害你。

这位李先生，自己是一个很好的人，忠实、不说谎、不伪装，也从来不投机取巧，不做一点亏心事，更不占别人便宜。

像这样一个好人，怎么会不受别人欢迎呢？

原来他过分看重了自己，以为自己是个十全十美的人，以为人人都应该以他为模范，为导师。因此，他就喜欢随时随地地去教训别人，指导别人。看见别人有一点点缺点，就加以批评、指责，像大人管小孩，老师对学生一样，摆出一副道貌岸然，神圣不可侵犯的神态。甚至常常有意地夸大别人的缺点，把别人的一时疏忽或无心的过失，说成是存心不良或者行为不端。

同时他又不能容忍别人对他有什么不恭敬、不忠实之处。如果他吃了别人一点的亏或受了别人一点点欺骗，那他就把对方当做罪大恶极、无耻之极的人，加以攻击、嘲笑、讽刺或漫骂不已。

只要想一下就可以知道这种人是多么令人可怕，到处都会激起别人的憎恶与反感。

一个人对自己要求严格，不做一点错事，这自然是千该万该、十分正确的事。但不要因此就把自己看得太高，以自己的标准来要求别人，以为别人都是笨蛋，只有自己才是圣人。

对别人的过失与错误，首先要分析他们犯错的原因，可能是受到恶劣环境的影响，可能是因为他们自己认识不清，也可能只是一时疏忽，有时还可能因为求好反而犯了错误，主观上求好，而客观上犯了错误。

除了一些真正与人为敌的社会败类，应该群起而攻之外，大多数人所犯的错误都是可以原谅，也都是可以改正的。我们应该抱着与人为善的态度，对待别人的错误，在不伤别人自尊心的原则下，诚恳而婉转地加以解释与劝导，安慰他们的苦恼，鼓励他们改正，自己吃了亏，受了骗，只要以后小心提防，不再上当就行了，不必因此而跟对方结下深仇大恨，应留给对方一个悔改的余地。

倘若一个人得罪了你，你不但不跟他计较，不向他报复，反而原谅他、宽恕他，必要时，还去帮助他，在一般的情形之下，他多半会对你十万分地感激，十二万分地惭愧，往往也会因此受了你的感化，痛改前非的。

误区10：对于家中来客不必客套

误区描述：学生的主要任务是学习，对于家中来客，由大人去应酬，自己不必参与客套。

分析与纠正：现在的学生因为忙于功课或者从小娇生惯养，很少去关注父母或者他人是怎样对待客人这一重要的事项。以至于接待客人时，有些同学会在不知不觉中做出一些对别人不礼貌的举止。因此，在这里必须提醒同学们注意待客中常见的失礼举止。

1. 迎客

家中应保持整洁，待客用的茶杯、茶盘、烟灰缸等要擦拭干净。条件好的，还可以准备些水果、糖、咖啡等。客人来了，不论是熟人还是第一次来的生客，都要热情相迎。如果是约定时间，应提前出门迎候。客人进门后，主人应立即停止手中所做的事情，上前迎接。见面之初，主人应与

客人握手，并致问候。接下来，应给家里其他人介绍一下，并互相问候，请客人落座。夏天气候炎热，可递给客人一块凉毛巾，先擦擦脸或者送把扇子，除汗消暑。有条件的，应及时打开电风扇或空调。在冬季则应请客人到暖和屋里，倒杯热茶。如果客人远道而来，要问问是否用过餐。小孩若在旁边，要教孩子向客人问好。

2. 陪客

为客人敬茶，茶具要清洁，茶水要适量。茶叶太多则苦，茶叶太少则淡；水倒得太多容易溢出，水太少又难看。每次倒茶要倒八分满，以便客人饮用。端茶一般用双手，一手执杯，一手托底，不能用手指抓住杯口往客人面前送，这既不礼貌，又不卫生。续茶时，应把茶杯拿离茶桌，以免倒在桌上弄脏客人衣服。若有事情急办，可向客人说明，并请家人陪客，以免使客人被动尴尬。若又有新客人来访，应将客人互相介绍，一同接待。家里有客人时，家庭成员之间应该避免争吵。如果孩子不听话或是做错了什么事，应将孩子带开，不要当着客人的面训斥、打骂孩子。

3. 留客

留客人吃饭，尽量在家准备；实在没有菜，再到饭馆去买现成饭菜，免得客人多心。给客人盛饭，要装八分碗。给老人安排的饭菜，尽量照顾老人的口味和咀嚼能力。要给客人带来的小孩找些玩具、小人书、画册，以免他们"认生"、"哭闹"。留客人住宿，最好让客人单住，房间要收拾整齐，床上用品要舒适干净，并根据客人习惯选择合适的枕头。睡觉前要让客人熟悉电灯开关和方便的地方，以免夜间起来不方便。

4. 送客

客人告辞时要以礼相送。送客除了说些道别话，还要注意一些礼节。客人怕影响主人时间，急于告辞，应等客人起身后，再起身相送。送客一般应送到大门口。对地形不熟悉的客人，应主动介绍附近的车辆和交通情况，或送到车站。远道或老年客人，如乘火车或长途汽车，应代买车票，送到车上。必要时，还要委托同路乘客或售票员帮助照顾。客人来访有时会带些礼品来，送客时应表示谢意，或相应地回赠一些礼物，决不能若无其事，无动于衷。客人临别时，有时会遇到意外情况，比如天气突然变冷或下雨、下雪时，这时应主动关心客人，拿出御寒的衣服或雨具给客人使用。对带行李较多的远道客人，应帮忙提送行李，陪送到车站、码头，并带上一些水果、点心之类的路餐以表示心意。客人由于疏忽或其他原因，有时会忘记要办的一些事情，因此，起程前，可以提醒客人是否有东西遗忘，是否有事情没办。如果客人有事情相托，只要力所能及，应尽力办妥。

误区11：尊重是相互的

误区描述：尊重是相互的，如果别人不尊重你，你也不必尊重他。

分析与纠正：孟子有云："爱人者，人恒爱之；敬人者，人恒敬之。"强调了尊重他人的重要性。一个人在与别人交往中，如果能很好地理解别人、尊重别人，那么他一定会得到别人百倍的理解和尊重。

懂得尊重，是做人最起码的一种道德要求。做到了尊重别人，则是一种境界、一种美德。这是人生必不可少的基本素质，是对他人人格与价值的充分肯定，同时，亦是赢得他人对自己尊重的基础，自身的自尊方能得以周全。所谓尊人尊自己，这是一种辩证的关系。要想得到别人的尊重，首先要懂得和学会尊重别人。

人与人之间的互相尊重，可以让人开心，使人奋进，助人成功。尊重，是一种理解与宽容。与人相交，求同存异，学会移形易位换位思考。千人千面，我们不能够要求所有的人都按照同样的方式活着。与人交往，你可以有所选择，却不要想着去改变一个人。豁达大度，是人际交往中的积极因素。

人有地位高低之分，但无人格贵贱之别，只有灵魂高度上的差别，没有道德品质高下之别。任何人不可能尽善尽美，完美无缺，我们没有理由以高山仰止的目光去审视别人，也没有资格用不屑一顾的神情去嘲笑他人。假如别人某些方面不如自己，我们不要用傲慢和不敬的话去伤害别人的自尊；假如自己某些方面不如别人，我们也不必以自卑或嫉妒去代替应有的尊重。一个真心懂得尊重别人的人，一定能赢得别人的尊重。

尊重是一门学问。尊重别人，就是尊重自己，就是将自信、善良和宽

厚播种在他人的心田。我们要做一个言谈举止文雅而端庄的人，养成尊重他人的好品德、好习惯，就要敬爱父母、尊敬师长、团结同学、扶助弱小、乐于助人、关心他人。

1. 要尊重别人的人格

每个人都有自己的人格尊严，它是公民的名誉和公民作为一个人应当受到他人最起码的尊重的权利。在人格上人人都应该是平等的，不存在尊卑贵贱之分。尊重别人的人格，首先要做到不取笑生理有缺陷的人，不做伤害他人的事，不给同学起绰号。

2. 尊重他人还要关心他人

在日常生活和人际交往中我们要主动关心老、弱、病、残及妇女和儿童，特别是那些老无所依的鳏寡老人和举目无亲的孤儿，要尽量在生活和精神上帮助他们。另外，我们要尽量把方便留给他人，而且不要做损人利己或者损人又不利己的事。

3. 要尊重他人的劳动

尊重他人的劳动，相当于尊重自己的劳动。设身处地替他人着想，将心比心，多给予他人热情的鼓励和帮助，不仅有利于把工作进一步地做好、做完善，也能促使他取得更大的进步和成绩，同时也激发了他人的劳动热情和欲望，还能提高劳动者的工作效率。如：上课专心听讲，努力学习就是尊重老师的劳动；在公共场所不随地抛纸屑、不随地吐痰就是尊重环卫工人的劳动……珍惜别人的劳动成果也是尊重他人的一项重要内容。

4. 要讲文明懂礼貌

文明礼貌是中华民族的优良传统。在人们的交往中，注重礼貌，体现着一个人的道德修养，也是尊重别人的表现。对待他人要热情、友善、文明、礼貌、体谅、诚实，无论他人的年龄、性别、职业、地位、相貌如何，都要礼貌待人，语言文明，使用礼貌用语要自然。

青少年应该在日常生活中从身边的点滴小事做起，学会尊重他人、关心他人，弘扬社会主义的人道精神，做一个尊重他人、对他人有爱心、对长辈有孝心的好学生。

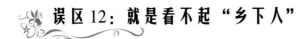

误区 12：就是看不起"乡下人"

误区描述："乡下人"有小农意识，贪小便宜，不讲卫生，不懂文明礼仪，总之，就是让人看不起。

分析与纠正：首先应当指出，这种嘲笑别人的思想意识是不可取的。因为乡下人与城里人之间的关系是平等的，不能因为自己是城里人就看不起乡下人。要知道，中国首先是一个农业大国，农村人口占全国人口的近3/4，是农民的汗水浇灌了庄稼，为城市提供粮食蔬菜，是农民的勤劳种植了棉花，给城里人遮体御寒；在中国五千年的文明史上，农民谱写的篇章同样占有极其重要的地位。乡下人有"乡下人"的长处，那些农田水利、种植养放的学问，我们一辈子也学不完；城里人有"城里人"的短处，只是自己不自知或不愿承认罢了。所以，看不起"乡下人"，甚至嘲笑农村同学显然是错误的。

诚然，作为城市里的孩子，父母、学校、社会为我们的生活，学习，提供了优越的条件，使得我们享受得多，经历得多，知道得多，有很多方面是那些生长在农村的孩子，连想都无法想象的，但这能成为我们自鸣得意、瞧不起人的资本吗？在我们所尽情享受的精神财富和物质财富里，有哪些是我们自己创造的呢？

是的，农村同学的身上可能确有许多让我们感到"土气"的地方，他们的穿着没有我们漂亮、时髦；他们的生活没有我们舒适、安逸；他们的言语没有我们丰富和生动，可这都源于他们生活的艰辛和物质的贫乏，而不是他们本身的错。我们有什么资格去嘲笑他们身上的"土气"？！

并且，我们所嘲笑的"土气"中，有许多很可能就是那些被我们遗忘了的人类质朴、善良的本性。如果我们采用心理换位的方法，自己去体会一下做"乡下人"被人嘲笑的心情，又将作何感想呢？他们的吃苦精神、自理能力不更值得我们这些"城里人"好好学习吗？更重要的是，他们具有生活俭朴的优良传统、高尚美德和优秀品质。

1. 生活俭朴是优良传统

在社会经济高速发展的今天，仍保持生活俭朴的自然美，是继承传统的表现，不必认为那是落后了，跟不上时代了。

2. 生活俭朴是高尚美德

社会主义时代的学生，应该具备生活俭朴的美德，当然，不是要同学们去穿破衣烂衫，去过吃糠咽菜的生活，当"苦行僧"。要有居安思危的忧患意识，要有应付各种艰难困苦的精神准备，否则容易滋长贪图享受、好逸恶劳的思想，丧失斗志、丧失对付突然事变的能力。

3. 生活俭朴是优秀品质

艰苦奋斗的精神从哪里来？这是在平时刻苦耐劳、勤俭朴素的生活中磨练出来的。那些正在虚心学习雷锋"螺丝钉精神"、"钉子精神"的同学们也是会有这种体会的。让我们在蜜糖般的生活中，不要忘记过俭朴的生活；让我们在深入学习雷锋的今天，更好地学会过俭朴的生活。

在学习上，要向积极性高的同学看齐；在生活上，要向水平最低的同学看齐，决不要因为有人说你"土"而与爱打扮、讲吃穿、贪安逸、图享受的人攀比，决不让虚荣心抬头！

总之，生活俭朴是劳动人民优秀品质的具体表现，不是什么"寒酸相"或"土"！"清水出芙蓉，天然去雕饰。"人们赞颂朴素的自然美，崇尚朴素的自然美。

尊重别人，是处理人与人之间关系的重要准则。因此，我们要尊重农村来的同学，注意汲取他们身上可贵的质朴、善良的美德，做他们的朋友，各取所长，以求完善。

误区 13：人和人是不可能平等的

误区描述：人人平等只是一种人类理想，甚至是梦想，现实中是不可能平等的，所以，嘴上可以喊平等，现实中必须接受和认可这种不平等。

分析与纠正：

1. 平等待人

人际交往，"平等原则"是前提条件。没有平等待人的观念意识，就不可能与他人建立良好的交往关系。那些不懂得尊重对方的做法，都不会产生良性的交往效果。平等待人，尊重他人，是获得他人信任的起点。离开起点，友谊谈何建立？有位哲人曾说过，不懂得尊重别人的人就不会得到别人的尊重。心理学家认为，人人都有自尊的需要。所以，只有互相敬重，友谊才能赖以生长和巩固。

1940 年"百团大战"后的一天，当时担任八路军 129 师师长的刘伯承元帅，听到师机关有的人带着轻蔑的语气把勤杂人员叫做"伙夫"、"马夫"、"卫兵"、"号兵"等，非常生气，就此事专门指出："我们革命的军队官兵平等，都是革命大家庭的一员。今后，伙夫就叫炊事员，马夫就叫饲养员，挑夫就叫运输员，卫兵就叫警卫员，号兵就叫司号员，卫生兵就叫卫生员，勤务兵就叫公务员，理发师就叫理发员。"从此，八路军中的称谓就照此统一下来了，官兵关系从此也变得更密切了。

刘伯承元帅平等待人的事迹，应该成为我们青少年学生处世的范例。

2. 交友重在品德

人生活在世界上，谁也离不开朋友，谁也少不了朋友的情谊和支持。俄国著名诗人普希金说："不论是多情的诗句、漂亮的文章，还是闲暇的欢乐，什么都不能代替亲密的友情。"生物学家达尔文也说："讲到名望、荣誉、享乐、财富等，如果拿来和友谊的热情相比，这一切都不过是尘土而已。"可见，世上的人都是多么重视朋友啊！

可是，要获得几个真正的朋友并不容易，这或许要比考几个 100 分更困难。俗话说："近朱者赤，近墨者黑。"好的朋友可以帮助你一块进步，坏的朋友会使你逐渐走下坡路。所以，涉世不深的中学生们，交朋择友中一定要小心慎重，一定不可忘记一切以品德为重。只有具备良好品质和礼仪的人，才可以成为自己的朋友。

误区14："串门"无须规矩

误区描述：到朋友家"串门"本是轻松随便的事情，无须讲什么规矩。

分析与纠正：年轻人正是精力旺盛的时候，谁不喜欢多交几个朋友呢？朋友之间的互相往来，对于交流思想、沟通信息、增进感情、推动学习，都是大有裨益的。可是，有的学生朋友却因为这件好事在发愁。他们也喜欢到朋友家去"串门"，可是去了几次以后，就感到主人的热情在"降温"，有人甚至感到自己简直像个"不受欢迎的人"。这是怎么回事呢？

其实，道理也很简单，访友是一门学问，到朋友家"串门"也要讲规矩。这种规矩不是可有可无的繁文缛节，而是一个人文化素养、道德水准的外在表现。每一个当代学生，都应该懂得这些基本常识。

那么，访友做客后该注意些什么问题呢？我想，大致有这样几个方面：

1. 要选择适当的时间

有的学生朋友认为，我和朋友关系不错，啥时候去跟他聊聊还不是一样？这种看法是欠考虑的。和朋友交谈是件好事，但它毕竟不能随心所欲，只应该在你和朋友都有闲暇的时候进行。你也许会有这样体验：老师交给你的材料还未写好，你刚在桌上铺开了稿纸，却来了个朋友找你聊天，结果他谈了些什么你根本就没听进去。由此可见，访友做客一定要选择适当的时间，特别是要替人家考虑，尽量不要占用朋友的学习时间，做客不要过于频繁，时间也不要太长，以免给朋友带来麻烦，影响学习和休息。

2. 要注意自己的举止

文明礼貌是每一个人都应当具备的基本素质，即使到自己的朋友家去"串门"，也不应例外。就拿敲门来说吧！有的小伙子上门做客，用拳头使劲捶门，甚至用脚去踹门，这样的"通知"方法只能使主人感到不快。还有的人在朋友家里高跷着二郎腿，旁若无人，甚至乱丢果皮、烟蒂，随地吐痰，这样的行为更会引起人家的反感。所以，我们应该使自己的举止文雅大方，妥贴得体。到别人家里去做客，对人家的家庭成员，特别是长辈老人，要热情问候；对主人给予的招待，要及时道谢；要尊重别人家里的卫生习惯，不要给人家带来麻烦；如果你带着弟弟去"串门"，就得告诉弟弟不要乱跑乱叫，不要翻动和拿走人家的东西，更不能随地大小便。这样做，才会使对方感觉到你对他的尊重。

3. 要选择合适的谈话内容

朋友之间的往来，是建立在感情融洽的基础上的，朋友之间的交谈，也是一种平等的思想交流。所以，和人家谈话时，首先要耐心听取人家的意见，让人家把话讲完。如果自己有不同看法，也应该尽量用委婉的方式、和缓的口气讲出来，切不可当面就激烈地驳斥对方的看法，使主人在家里感到难堪。还须注意的是，除非特别必要，一般不要提及主人不愿谈起的事情。如果你要请朋友帮你的忙，如事情简单，你就不妨直言，无须转弯抹角；如事情复杂、棘手，你可以先谈些相关的事情来探询主人的态度，这样，就不会使朋友感到过于为难。

"串门"的规矩还有很多，上面谈到的只是常遇到的一部分问题。只要我们注意了这些，就会使自己成为一个受人欢迎的人。

误区 15：不必去安慰他人

误区描述： 安慰有时会激起更大的伤害，所以不要随便去安慰别人。

分析与纠正： 每个人的心灵都是脆弱的，当一个人在事业或感情上受到挫折时，是需要别人来安慰来鼓励的。

1. 安慰如同"雪中送炭"

人生的道路不平坦，逆境常多于顺境。不幸的事，人人难免。身处逆境，面对不幸，当事者不仅本人需要坚强起来，也迫切需要别人的安慰。人是社会的动物、合群的动物、有感情的高级动物。痛苦再加孤寂，痛苦倍增；痛苦有人分担，痛苦减半。"患难见真情"，安慰如"雪中送炭"，能给不幸者以温暖、光明、力量，帮助他分担痛苦、减轻精神重负、重振前

进的勇气。

给予不幸者以安慰，是为人处世的一种美德；当至亲好友遭到不幸时，及时送上真诚的安慰，更是你应尽的责任。

探望身患重病的不幸者，不必过多谈论病情。有关的医疗知识，医生已有交代、说明，无需你再多言。如果对方本来就背着重病的精神包袱，你再谈及过多，势必包袱加重。你应该多谈谈病人关心、感兴趣的事，以转移对方的注意力，减轻精神负担。如能尽量多谈点与对方有关的喜事、好消息，使他精神愉快，心宽体胖，更有利于早日康复。医生送去治疗身体的良药，亲友送去温暖人心的情感都是根治重病必不可少的。

对于因生理缺陷或因出身、门第被人歧视的不幸者，由于不幸的原因有些是先天的，并非全是人为的。劝慰时应多讲些有类似情况的名人的模范事迹，鼓励他不向命运屈服，抵制宿命论的思想影响，使他坚信只要充分发挥人的主观能动作用，仍然能够争取人生的幸福，实现人生的价值。

安慰丧亲的不幸者，不要急于劝阻对方的恸哭，强烈的悲痛如巨石积压在心头，愈久愈重，不吐不快，让其宣泄、释放出来，反而如释重负，有利于较快恢复心理平衡和平静的状态。你应当注意倾听对方的回忆、哭诉，并多谈谈死者生前的优点、贡献，人们对他的敬仰、怀念。死者的生命价值越高，其亲属就愈感宽慰，并有可能化悲痛为力量，去发扬死者生前的优点，去完成死者未尽的事业。

对于胸怀奇志而又在事业上屡遭挫折、失败的不幸者，最需要的是对其强烈的事业心的充分理解、支持。对于他们，理解应多于抚慰，鼓励应多于同情，怜悯是变相的侮辱，敬慕是志同道合的表现。你不必劝慰对方忘掉忧愁、痛苦，更休想说服对方随波逐流，放弃他的理想、追求。最好的安慰，是帮助对方总结经验教训，分析面临的诸多有利不利条件，克服灰心丧气的情绪，树立必胜的信念，并共同探讨到达事业顶峰的光明之路。这就要求你对他所从事的事业，有一定的了解，称得上是名副其实的知音。

我们的人民是富有同情心的人民，中华民族是勤劳、勇敢又善良、重情义的民族。在我们民族的语言中就有如"比上不足，比下有余"、"谋事在人，成事在天"、"塞翁失马，焉知非福"、"大难不死，必有后福"、"失败是成功之母"等一大批专用于安慰、鼓励不幸者的谚语、格言、典故，在民间流传千百年至今仍然经常被用来安慰不幸者。

2. 要同情，但不要怜悯

同情，就是设身处地、将心比心、感同身受，把别人的不幸当成自己的不幸，从感情上产生共鸣。但彼此应站在完全平等的地位上交流思想感情，给对方以精神上、道义上的支持，并分担对方的感情痛苦。有时，同情还可以包含着敬佩、敬爱、敬仰之情。

同情是一种真心实意的善心。怜悯，不是平等的思想感情交流，不是精神上、道义上的敬赠，而是一种上对下、尊对卑、富对贫、强者对弱者、胜者对败者、幸运者对不幸者的感情施舍。施主对被接受施舍者，有意无意地流露出一种幸运感、优越感，或多或少有轻视、小看对方的意思，包含有伪善的成分。

同情的话语，有劝慰有鼓励，语气低沉而不乏力量，而且尽量不当面说出"可怜"、"造孽"等词语。怜悯的话语，只有一味的悲伤，语气低沉、无力，而且把"可怜"、"造孽"等词语经常挂在嘴边，仿佛在欣赏、咀嚼对方的痛苦。

对于事业心强、自尊心强、个性强的强者，对于一切真正的男子汉、女强人乃至有志气的少年，无论其处境多么不幸，怜悯都是一种变相的侮辱，只会刺伤他们的自尊心，激起他们的反感，从而从心理上拒绝接受。对于老幼病残与弱者，单纯的怜悯也只能促使他们沉溺于悲痛、绝望的深渊而难于自拔，更谈不到振作起来，从软弱变得坚强一些，向不合理的世道、不公平的待遇、不幸的命运进行必要的抗争。

在感情的海洋中，同情是盐，怜悯是污泥。安慰需要同情，但不要怜悯。

3. 恰当地运用谎言

谎言不一定是坏话。离开了具体的时间、地点、条件，忽视了动机与效果的统一，以绝对化的好坏来衡量真话谎话，就不符合对立统一的辩证法原理，也失去了判断是非的客观标准。善良的谎言，有时胜过不该说的真话。

对于身患绝症的病人，只能把病情如实告知其家属，而对患者本人，仍应重病轻说，并经常祝他早日康复，以便他平静地度过一生最后的岁月。如果谎言居然唤起了他对生活的热爱，增强了他同病魔斗争的意志，就有可能使生命延续得更长久，甚至战胜死神，真正恢复了健康。医学史上不乏这样的人间奇迹。

对于本来就感情脆弱、意志薄弱、身体虚弱的不幸者，其心灵已经伤痕累累，不堪重负。如再传来噩耗，就有可能因承受太沉重的打击而一蹶不振，甚至危及生命。如遇到这种特殊情况，与其立即如实相告，还不如暂时隐瞒真相，然后逐步旁敲侧击，待对方已有一定的思想准备，再实言相告，并加以劝慰。

善良的谎言，其用心当然也是善良的，即为减轻不幸者的精神痛苦，帮助不幸者重振生活的勇气。当事人以后明白了真相，只会感激，不会埋怨。即使当时半信半疑，甚至明知是谎话，通情达理者仍感到温暖、宽慰。因为他是被关怀、爱护，而不是被欺骗、愚弄。明知会加重对方的精神痛苦，仍要以真话相告。如不算坏话，也该算蠢话。即使不怀恶意，至少也是不明智的。

当然，社交生活中真话应该永远占主导地位。只有万不得已时，才用善良的谎言安慰人。凡是安慰的话语，无论真话谎话，最好身体距离较近，以示双方关系的亲近，并且语气较轻、声调较低、语速较慢，如春雨甘露滋润伤痕累累的心田，以利于对方剧痛的心情尽快恢复平静。

误区 16：不要随便道歉

误区描述：你做错了，也许对方并不知道，你道歉反而不好了。

分析与纠正：

1. 错了，就及时承认

如果你错了，就及时承认。与其等别人提出批评、指责，还不如主动认错、道歉，更易于获得谅解、宽恕。凡是坚信自己一贯正确，发生争端总是武断地指责对方大错特错，从不认错、道歉的人，根本交不到朋友，或难以交友，永远缺乏知心人。

有些青年人有错就千方百计抵赖，甚至谩骂敢于提醒他注意的人，那绝不是什么"英雄本色"，只能算流氓行为。

当领导的认错不会丢脸、丧失威信，反而有利于维护面子、提高威信。有错就承认，并勇于主动承担责任的领导人比自夸一贯正确，有错就把责任往下推的领导人，更有威信，更深得下级的信赖、拥护、爱戴。

真心实意的认错、道歉，就不必推说客观原因、做过多的辩解。就是确有非解释不可的客观原因，也必须有诚恳地道歉之后再略为解释，而不宜一开口就辩解不休。否则，你对自己的错误实际上是抱着抽象否定、具体肯定的态度，这种道歉，不但不利于弥合双方思想感情上的裂痕，反而会扩大裂痕、加深隔阂。

道歉需要诚意。双方成见很深，当对方正处在火头上，好话歹话都听不进时，最好先通过第三者转致歉意，待对方火气平息之后，再当面赔礼、道歉。有时当务之急不是先分清谁是谁非，而是要求双方求同存异，去对付共同面临的困难或"敌手"。如双方僵持不下，势必两败俱伤。如一方先主动表示歉意，就有可能打破僵局，化紧张为和谐，乃至化"敌"为友，双方合作共事。

诚心诚意的道歉，应语气温和、坦诚但不谦卑，目光友好地凝视对方，并多用如"包涵"、"打扰"、"指教"等礼貌词语。道歉的语言，以简洁为佳。只要基本态度已表明，对方已通情达理地表示谅解，就切忌啰唆、重复。否则，对方不能不怀疑你在以小人之心，度君子之腹，唯恐他不谅解。如果我们每个人都能错了就及时承认，不必要的矛盾、纠纷就会大为减少，整个社会的人际关系，也会和谐得多。

2. 没有错，有时也道歉

明明没错，也赔礼、道歉，这不是虚伪吗？不是卑怯吗？不。没有错，有时也需要道歉。如纯属客观的原因，比如气候变幻无常、意外的交通事故等，使你无意失信，给对方带来一些麻烦、损失，为什么不可以道歉呢？

一味推客观原因，对方口头上不好责怪，但心情总是不愉快的，那就

不利于增进友谊。如果你有事求助于人，对方尽了最大努力，由于受多方面条件的限制，事未办成，但他为此付出了艰巨的劳动。或事虽办成了，但对方付出的劳动，给他带的麻烦，比你原先预料的要多得多。凡通情达理者，岂能毫无内疚之感，怎么能不说几句发自肺腑的道谢兼道歉的话呢？这体现了你对他人劳动的尊重，而且以后有求于他，也好再开口啊。

对方不听你的劝告，闯了大祸，并已给他本人带来了生命、财产的巨大损失，他正沉浸在悲痛之中。此时此刻，你决不能急于批评对方的错误，更不能埋怨他不听你的劝告，而应先表示慰问，再加上歉意，因为事先你没有再三极力劝阻。以后，再利用适当的时机、场合，双方共同来总结经验教训。

凡通情达理者，必然会对你万分感激，并把你当成可信赖的知心朋友。你与对方素不相识，但双方的亲属或前辈曾有过宿怨，这本与你毫不相干，更不能把这笔账算在你的头上。但在纵横交错、恩怨交织的复杂人际关系网络之中，至亲好友的亲友，往往就是理所当然的朋友。"对头"的亲友，虽不一定被当成"对头"，但在双方尚缺乏一定的交往、了解之前，起码是不可轻信的。初相识时，你主动表示歉意，就有助于较快消除对方可能有的隔阂、戒心，加强彼此之间的理解、信任及至合作，从而达到化"敌"为友的目的。

这些没有错误的真诚道歉，无论在个人、单位、国家之间的社交或外交往来之中，都是极为正常的表现，并且说话坦然自若，不卑不亢，不必卑躬屈节、低三下四。这是道歉者的伟大人格、博大胸怀、远见卓识及社交艺术在口才方面的具体表现。在这个方面，已故的周恩来为我们树立了光辉的榜样。

误区17：和谐人际关系不是我一个人的事

误区描述：和谐人际关系是整体人文环境决定的，不是我们一个人所能决定的。

分析与纠正：广大中学生，虽然还在学校学习，但仍然置身于各种各样的关系网络之中。在家里，我们要处理好与父母、与邻居的关系；在学校里，则要处理好与老师、同学的关系；此外，我们还得在社会上活动，还要处理好与各种人的关系。将来，进一步涉足社会以后，交际面将更为广泛；而随着社会的发展，人际交往将越来越频繁，人际关系也越来越复杂。从这一点出发，我们粗知一些社交艺术，学会一些和谐人际关系的方法，是很有必要的。

交往有效性能使人产生快感的交往，叫做"有效交往"。人们彼此的交往，不能没有一定的"数量"，但更关键的还是要看"质量"，要看交往能给双方带来什么。有的人同别人的交往并不少，但相互关系平平，甚至是不佳，这大多是由于交往的有效性不够。例如，有的人好做锦上添花的事情，而不善于雪中送炭；有的人与别人讲话随心所欲，常使对方难堪，或冒犯、伤害人还不自察；诸如此类的交往都属不和谐的交往。

同样的交往方式，在不同的条件下，也会产生不同的效果。朋友之间无拘束的谈话，这是彼此赤诚相见的表现，有利于友谊的深化；可是在交往水平较低甚至彼此有隔阂的人们之间，讲话直来直去，往往会使人误解。

一个人身处逆境时，你伸出援助之手，即使只是一句宽慰的话，对方也可能铭记恒久，引你为患难知己；反之，当一个人正"春风得意"时，你一再地"添花"，他却未必会引你为挚友。人际交往应视条件、情况的不同而注意分寸与适度。

1. 交往品质

生活中，谁都愿意和热情、真诚的人交往，而同自私、虚伪的人则大多保持一段距离。这不是偶然的。

人们在交往中，往往有感情倾诉和心灵共鸣的需要，它们的满足在很大程度上取决于彼此的真诚与否。再者，人的自尊心在交往过程中也是显著的参与因素，而人的互相尊重也是以感情的真实所产生的信任为基础的。除了真诚以外，以下所述的也都是良好的交往品质，具备了它们，就会成为人际交往中令人喜欢的人，就更易于与人沟通，获得友谊，在生活中享受到充分的乐趣。

可爱的性格，能使人觉得亲切。而乐观无疑是一种可爱的性格。西方

谚语说："悲观者在每个机会中都看到困难,乐观者则在每个困难中都看到机会。"乐观者以其生活的信念和热情感染人、鼓舞人,他就会对别人具有一种吸引力。乐观者的开朗、活泼和幽默感,也是他性格中的得天独厚之处,因为这种可爱的性格洋溢着一种令人怡悦的情趣。

宽厚与随和,具有一种雍容的气度。有这种气度的人,善于理解人和体谅人;他不因偏执而拒人千里之外,但也不是无视是非而充当"好好先生";他以明达和气度接纳别人,别人也会感于他的气度而生亲近之心。乐于助人的人,大都能获得良好的效应,因为不仅他的实际行动使人得益,而且这种品格也会唤起人们心中美好的情感。

当然,乐于助人须出于自然,而且应是事属必要;倘若过分卖力讨好,曲意奉迎,那么,其效果就适得其反。前者能使人喜欢并且得到尊重,而后者在受人利用之后却反而会遭到轻视。

有鲜明个性的人,往往能引人注目——"瞧,这个人多有个性!"而平庸的人,几乎没人注意,是很难受人喜爱的。但是,展示自己的个性,不能没有自知之明,在人际交往中,俨然以"自我"为中心,放纵个性的"野马",轻易地冒犯、伤害他人,只会招人厌恶和离弃。因此,对个性强的人来说,很需要学会谦逊。"受人喜爱者对他们自己或他们的学习都不会太夸耀"。这条箴言,虽然朴素却很有益。

修养和礼仪,给予他人的印象,同样不可等闲视之。言语举止得体适度,能使别人看上去觉得舒服,这也就在人际交往中先得一筹了。而缺乏修养和不识礼仪,言行粗俗或轻浮的人,一般来说总有损于形象,从而也招人鄙夷和厌恶。毋庸置疑,学会必要的交往礼仪和待人接物的方法,显然是必不可少的。由表及里,进而陶冶气质,使风度优雅,那就更会人见人喜了。

值得强调的是,要真正受人喜欢而且经久不衰,绝对少不了真诚。虚情假意,矫揉造作,固然也能取悦于人一时,但一旦被人察觉,那博得的欢心便会随之而荡然无存。如果谁要是把"如何使别人喜欢"理解为掩饰自我,假装巧饰,那就南辕北辙了。人们交往中,只有多加一些良好的交往品质,竭力减掉虚伪、自私、冷漠之类不良的交往品质,才能使交往臻于佳境。

2. 交往需要度

交往是每个人都需要的，但是需要的程度并非一成不变，而往往是因人因时因地而异。

交往的需要度不仅影响着人际交往的主动性，也影响着交往水平。交往的需要度越是大，交往的有效度则越高。锦上添花之所以远不如雪中送炭使人铭感不已，顺境中的帮助之所以远不如逆境中的支持为人铭记难忘，就因为两者的需要度有悬殊的差别。

善于交往的人，大多具有善于发现别人的需要并适时地加以满足的能力。人们需要帮助的时候，你不帮助；人们不需要照顾的时候，你却大献殷勤，这样的交往再频繁，恐怕也都属不甚和谐的交往。

交往是一种艺术。掌握了交往的艺术，你的交往能力和人际关系水平就能大大提高。

校园篇

误区1：不必有集体意识

误区描述：虽然生活在班集体中，但个人的前途都是靠自己打拼的，有没有集体意识无所谓。

分析与纠正：从一上中学始，我们每个同学就有了自己的班集体，就和这个集体结下了不解之缘。同学们在集体中学习、生活和活动。为了有良好的人际关系和融洽的集体氛围，每个中学生应努力从自己做起。

1. 用行动为集体增光

北京市某中学高中某班有这样一位女同学，在学校田径运动会上，她参加4×400米的接力赛。在终点前的100米比赛中她咬紧牙关，使尽全身力气奋力向终点冲刺。而当她的双脚刚刚踏过终点线时，身体像散了架似的瘫倒在地上。脸色苍白，呼吸急促，身体痛苦地抽搐着。

看着她难受痛苦的样子，同学们都流出了眼泪。过了两个多小时，她才慢慢恢复过来。医生问她，为什么这样不要命地跑？她说，当时自己只有一个念头：为了集体取得好成绩，豁出命也要争。是的，在这赛场上的一瞬间，集体在她心中重千斤。她用自己的行动，赢得了同学们的好评。

这位同学在集体活动中表现出了良好的个人品质：意志坚强，较强的忍受力、自制力。爱护班集体，这是她人际关系好的基础。

2. 增强集体意识和相互理解

在集体中，也有同学不合群，常常游离在集体之外，这样下去，不但在集体中感觉不到温暖，一旦脱离集体，就会寸步难行，甚至出现悲剧。某中学有一个班，集体外出。同学们从宿营地出发，在当地向导的带领下去爬山的时候，有个同学觉得和集体在一起玩受限制、没意思，于是自己留在宿营地没有一同去。

当同学们归来，兴致勃勃地谈起山上的景色多么美好的时候，这个同学又十分后悔没有去观赏这大好的景色。于是，自己一个人悄悄地向大山进发了。当全班集合准备返回学校时，大家才发现这位同学不见了。师生心急如焚，在当地老乡的指引下，全班分头去寻找。最后，在一座山崖下发现了这位同学血淋淋的尸体。

如果这位同学不离开集体，即使遇到困难和危险，也会得到集体的帮助。这血的教训，难道不值得我们深思吗？当然，这是一个极端的例子，但是它留给我们的启示是多方面的。

3. 多为集体做贡献

有的同学总埋怨集体对他关心帮助不够，而自己究竟为集体为同学付出了多少，他却很少去想。其实一个温暖的集体，正是需要它的每一个成员作出无私的奉献。如果人人只想索取，不想去关心别人，那么友爱温暖的集体又从何而来呢？

回想一下你所生活的班集体中，有多少热心为集体服务的好同学啊！当他们用自己的双手把教室打扫得干干净净的时候；当他们辛辛苦苦花了几个小时才出好一期黑板报的时候；当他们骑车几十里去看望生病的同学的时候，这些虽然占去了他们许多宝贵的时间，付出了许多许多……但是，他们得到的更多，因为只有为集体为同学服务的同学才会得到同学们的真诚感谢，享受到人生的最大快乐和幸福。

著名科学家爱因斯坦生前说过："一个人的价值，应当看他贡献了什么，而不应当看他取得了什么。"

爱因斯坦的一生，不但为科学发展作出了杰出的贡献，同时更把全部的热情与生命献给了全人类。伟大的共产主义战士雷锋，他平凡而光辉的一生，无时无刻不在实践着自己的诺言："自己活着，就是为了使别人过得更美好。"

这种无私地为集体为同志作奉献的精神，激励着几代青年，使他们热血沸腾。今天的中学生仍应努力地从每一件小事做起，从自己身边做起，

让雷锋的精神不断发扬光大，让雷锋永远活在亿万人民的心中。起码，像那位跑步的同学那样，尽自己的努力，为集体做贡献。那你就不仅是付出，更多的是得到。

4. 了解同学

同学们在交往过程中，一般容易停留在对对方的外部特征的了解上，不善于了解对方的内心活动。这种感知的不灵敏和理解的不深刻会影响人际关系的深度和融洽性。

上述事例中，那个离群遇害的同学，既有他自身的问题，也有我们对其缺乏了解和及时开导的教训与遗憾。因此，我们每一个中学生在与人交往时，不妨努力做到善解人意，助人为乐。

我们每一个中学生每天都和同班的几十位同学生活学习在一个班集体中。几十个人有着不同的家庭环境，有着不同的生活经历，有着不同的性格爱好。交往中难免发生磕磕碰碰的事情，同学之间，个人和集体之间常常会有利害冲突。只要我们有一个豁达的胸怀，有一颗关心他人赤诚的心，有一腔为集体服务的热忱，又有什么矛盾不能克服，又有什么烦恼不能抛弃呢？

用你的真诚去爱别人，必然会得到别人真诚的回报，那么你所生活的集体在你心中，将永远是一个暖融融的集体，你将永远快乐幸福，真正感受到生命的价值。

一个人离不开集体，正像一滴水离不开浩瀚的江河大海，否则会干涸一样。一滴水的寿命是短暂的，但当它汇入海洋并与之融为一体的时候，它就会获得永生。一片雪花微不足道，然而，它"分才一毛轻，聚成千钧重"。一粒石子固然渺小，但"高山不择细土，故而能成其高。"一个人又何尝不是如此呢？如果我们离开了所生活的集体，离开了同学，我们的生活将失去阳光。

误区2：不要公开和异性同学交往

误区描述：私下里可以交往，公开交往会让人说闲话。

分析与纠正：异性同学之间健康、积极的交往应遵循以下几个原则。

1. 健康、文明的原则

异性同学之间说话要文明，切忌粗话、脏话；举止要大方，对待异性不可拍拍肩膀，打打闹闹，随便轻浮；尊重对方，不可拿对方开心取乐，甚至不尊重异性感情。

2. 选择场所与时间适当的原则

异性同学交往，不可在阴暗、偏僻的场所，而应在公共场所；不可在晚上单独交往，以防止各种性意向的幻想发生；到异性宿舍，应得到准许，且不应停留过长时间。

3. 保持一定距离的原则

男女异性交往本身有一种自然的吸引力，因此，若男女同学交往距离太近，且身体接触，人的性器官会感受刺激而产生条件反射，出现性冲动，甚至越轨行为。因此，男女中学生接触，应注意保持一定距离，这也是一种礼貌。

遵循这些原则就能使男女异性同学之间的交往保持文明、积极的氛围，并能避免一些不当行为的出现。

由于中学生的心理、生理发育已经基本成熟，异性同学之间彼此渴望接近，并比较注意显示自己和吸引异性。男女学生在一起学习、娱乐、交谈，双方有一种愉悦的心理感受，这些应该说都是正常的、可以理解的。有些活动，如文娱表演、拔河比赛、劳动，甚至会餐，如果没有异性同学参加，他（她）们就会感到缺少趣味、缺少气氛。

有人做过这样的实验，某一组男生在一起劳动，据反映，打闹、说话粗鲁、行为散漫的现象严重。后混合编组，情况就大不一样，男女同学劳动热情比较高，举止比较文明。专家们分析说，这是因为男女同学在一起学习劳动或娱乐时，一般特别注意自己在异性面前的形象，也都希望异性对自己给予满意的评价。

社会学家们指出，异性交往是人际交往的重要内容，如果没有异性交往，那么人类社会就要停止。但是如何正确交往，这又是学生必须学习的课题。

中学生男女同学之间的交往应该在老师、家长的指导下，积极健康地

进行，学校和老师更应主动为异性同学之间的交往创造良好的环境和氛围，这不仅有利于提高中学生们人际交往能力，而且对于稳定学校教学、教育秩序、活跃气氛、避免意外事故的发生，都有积极的意义。

中学生们自身更应积极、健康、大胆地进行异性之间的交往，不断提高人际交往能力，同时，在交往中也应注意遵循一些原则，使这种交往有益、适度。中学生们正是学习、成长的黄金时期，极少数同学在异性交往中其言行与学生身份不符，甚至有越轨行为，这些都是必须加以克服的。

误区 3：打听同学隐私

误区描述：知彼知己，百战不殆，了解同学隐私才能产生"知根知底"的信任感。

分析与纠正：学生具有良好的交往礼仪不仅有利于交往的畅通，也体现着自身的文化修养。现代社会对个人生活隐私保护日益重视。同学之间更要注意相互尊重，对于家庭情况、身体状况等个人信息不要相互打听、传播，以免给别人带来不快，给自己带来麻烦。

1. 保护个人隐私

不少体检部门为了进一步保护学生的隐私，出台了相关方案。上海杨浦区就为学生提供了个别检查、单间检查、预约检查的服务。一位高三学生觉得这样的新规定非常人性化，"比起 3 年前的初中毕业体检，感觉轻松多了"。

学生们对于隐私的概念是在生活中逐步建立的，这也要求同学之间互相尊重。打探隐私的行为有失礼貌，这多半是学生们并不清楚隐私的概念所造成。初中学生王琳表示："我不太清楚隐私都包括什么，但有时我不太愿意把家里的电话告诉别人，一些同学就会觉得我小气，其实这应该是个人的自由。"

还在读高三的一位学生告诉记者："一次我得了重病，在家休息了好长时间。回到学校后，很多同学都追问我到底得了什么病，让我觉得心里不太舒服。毕竟有些问题是难言之隐，我真的不愿意让更多的人知道。

2. 言行间注重他人感受

在校园中，同学之间的相处是非常密切的，涉及隐私的地方不可避免。目前还没有一条成文的规定，该用何种具体的文明方式尊重他人的隐私，这个礼仪问题需要学生自己去体会、去学习、去建立。

打探隐私是不可取的，一些学生因为年龄和阅历的关系喜欢问长问短，虽然没有恶意，但在无意中可能涉及到他人的隐私，从而招致反感。也有学生把自己了解到的有关其他人的重要信息随意传播，给人带来不必要的麻烦。因此，学会适当收起对他人的"好奇心"，约束自己的言行，才会加深同学间的友谊。

作为学生还应该了解隐私的概念，比如同学的家庭情况、个人信息等等，在别人不愿意透露的情况下，应表现出尊重的态度，而不是一再地追问。要知道，忽略别人的感受随意打探，只会招致他人的不良情绪，甚至伤害彼此的感情。老师和家长也应帮助学生体会隐私概念，适当体验伤及隐私时的痛苦感受，用引导的方式教育孩子。

误区4：同学间借东西不必客气

误区描述：同学之间本应互相帮助，互相借东西是很正常的事情，所以无需客气。

分析与纠正：学生具有良好的交往礼仪不仅有利于交往的畅通，也体现着自身的文化修养。日常生活中，需要使用别人物品应该征得主人允许，这是学生学习如何待人接物的重要环节，是发展学生社会技能的重要任务。通过一件件小事，应该善于发展良好的交往能力，培养自身礼貌的行为习惯。

1. 擅自动用别人东西损伤友谊

《中学生日常行为规范》中规定：未经允许不进入他人房间、不动用他人物品、不看他人信件和日记。类似的条款在很多学校规章制度中较为常见，但一些学生对此并不重视，有时甚至认为朋友之间可以不分彼此。

初中学生黄宁表示:"现在学生中手机的普及率挺高的,我的新手机买了不到两天就被同学拿走了,虽然他把他的手机留给我,说是换两天使使就还,但从心里我并不愿意。"如果说中学生对这样的基本礼仪还不了解的话,大学中却也同样存在着不打招呼就使用别人物品的问题。

一位重点高校的学生崔佳告诉记者:"寝室中某位同学买了电脑,有时候就成了公用的,室友们有时问都不问就随手把机器打开,走时又不关机。这种行为非常令人反感。我觉得使用这样贵重的物品应该事先征得主人的同意,更何况电脑中有很多贵重的资料或者一些隐秘的文件,同学间应该彼此尊重,不能随意使用他人物品。"

2. 礼数在先体现尊重

使用他人物品要事先征求主人的意见,经过允许才能够顺理成章地使用,否则不仅丢失了基本的礼貌,也会损害彼此之间的关系。看似简单,但这个道理确是我们平时做事的一项基本规则,忽略掉这些规则,也等于忽略了他人的感受。

清代的《弟子规》明确地告诉世人"不商量就拿叫做偷"。虽然今天我们不能一概而论,但不打招呼就随意使用他人物品却是非常不礼貌的行为。北京人讲求"礼数",进房间前要先敲门,即使是空屋子,我们也应该遵循这样的程序,以免给人唐突的感觉,造成不必要的误会。这个"礼数"体现的就是一种做事为人的规则。

同学之间的友谊需要互相包容、细心经营。使用同学的物品,应该礼貌对待,征求了主人的意见,会让对方有受到尊重的感受;相反莽撞行事,不仅导致误会产生,也会令彼此的关系变得淡漠。因此,同学间应该提倡尊重他人,养成良好的交往习惯。注重礼仪文明培养,是保障彼此关系和谐健康发展的基础。

使用他人物品应该征求主人的同意,同学间即使关系亲密,也应该事先打好招呼,不要想当然地认为关系好就随意动用他人物品。

在学校应该爱护设施,对公共财产有责任保护。在未经得允许的条件下,不可使用校内设施,以免造成损坏。

同学间使用他人贵重物品,如手机、电脑等,要格外爱护。借用物品提前约定好时间,定期归还。

误区 5：不必和老师关系太亲近

误区描述：在学校的主要任务是学习，而不是搞社交比赛，和老师保持一般关系就可以。

分析与纠正：融洽的师生关系，孕育着巨大的教育"亲和力"，教学实践表明，学生热爱一位教师，连带着也热爱这位教师所教的课程。我国教育名著《学记》中指出"亲其师而信其道"就是这个道理。情感也有迁移的功能，学生对教师的情感，可以迁移到学习上，从而产生巨大的学习动机。可见师生之间的感情在教学中多么重要。

理想的、新型的师生关系，离不开教师和学生这两个方面的重要因素。这里矛盾的主要方面在于教师，取决于教师是否爱学生，是否尊重学生。人们比喻教师的爱是润滑剂、是催化剂，它在教育过程中可以加快教育进程，提高教育效果。这方面不再进行深一步的论述。本文仅就实现融洽的师生关系，学生应注意哪些方面，提出些意见和建议。

1. 尊重

尊重别人，是文明礼貌的核心。学生要尊重老师，这种尊重不仅是表面礼节上的尊重，对老师有礼貌、见到老师主动热情打招呼、课前把讲台擦干净、课间擦好黑板，还要尊重老师的劳动，即上课认真听讲、积极回答问题。

有个别同学，当老师叫他回答问题时，非但不站起来，还态度生硬地说："不会！"有的虽站起来，却如"徐庶进曹营"，一言不发。如果这位被叫的同学站起来，说明未听清问题，或自己哪个方面不太明白，或即使按自己的理解说错了，都是无可非议的。因为如果学生都会了，要老师干什么？教师教 100 次未把学生教会，还肯定会教 101 次。

当然，尊重还应包括说话时，语气要温和，语调要平稳，说话时不要指手画脚。交谈时，要主动给老师让座，与老师说话要保持端正的身体，双目注视老师，认真听，不可东张西望，不可将手插在口袋里，或两条腿一颤一抖地晃动。

一次中午，管理宿舍的几位老师，去检查学生宿舍卫生，一进门，无一人主动与老师打招呼，请老师坐下，而是继续各干各的事。当老师对他们的值日提出批评时，有的待理不理，有的则极不虚心地强调种种借口和理由。这种种表现是极不礼貌的，也是对老师不尊重，当然这是少数人。

对老师的尊重，不仅限于表面礼貌、热情；更要表现在尊重老师的人格方面。有时，三五个同学聚在一起议论老师："老李"、"大王"、"小刘"，更有甚者，用老师的缺点或生理缺陷给老师起绰号。道理很明显，"一日为师，终身为父"是中国人民尊师的古训，视师为长辈，历来是中国人民的优良传统。

你可以喜欢某位老师，也可以不喜欢某位老师，不喜欢他不等于可以不尊重他，因为尊师不单指尊重个体的人，而是对他所承担的工作、他所具有的知识的尊重。

2. 坦诚

坦诚二字的关键是诚。诚意、诚恳、真诚。表现在人与人之间的相互理解和信任上。人无完人，老师也不是一贯正确。如：教学方面，老师的知识再广博，阅历再丰富也是有限的。

教学中不可能总是一贯正确，讲课中出现个别的差错也是难免的。作为学生应如何对待呢？有的学生在课堂上大声叫喊："你讲错了!"这种现象，据调查，出现在两种人身上：一是不讲方法的粗鲁的同学；二是对老师有成见的同学。

这类的少数人对老师平日的批评不理解，因而出于"出气儿"的目的，采取不友好的态度，这样做的结果，会在老师、同学心目中留下难以抹去的坏印象，损坏了自己的形象，懂事、懂礼貌的人不会这样做。因此同学们要学会注意场合和方式。

张闻天同志有一段话值得深思，他说："真诚坦白并不是什么都是赤裸裸的、突然的、刻板的、三言两语的、无情的、不讲面子的、没有什么回旋余地的。真诚坦白的态度，应该在婉转的形式中表现出来。采取各种曲折的形式，适合于对方的思想习惯、性情的形式，使自己的真意能够逐渐表达出来。使对方能懂得我的真意的'来龙去脉'，使双方能够有充分的时间交换意见、考虑问题，使对方有回旋伸缩的余地。这种婉转，不但不是虚伪的、矫揉造作的，而且是合乎'人之常情'的。"

因此，对教师教学中的问题，最好是课下单独找老师，指出其错误，或者以讨论的口气与老师探讨应如何解答，如何理解，不应该故意出老师的洋相。尤其注意不要中途打断老师的思路。同样，如果对老师某些班级工作的处理有意见或建议，亦要善意地给老师提出，态度要诚恳。老师鼓励欢迎学生提问题、提建议。只有师生间保持一种和谐友好的气氛，才有益于教学工作。

一次，一位年轻的老师要作公开课，因课表调动有一定困难，只好选择了平时课堂纪律和气氛不那么令老师十分满意的班级。因此，这位小老师除去教学方面感到紧张之外，还担心同学们的配合。然而，那天的纪律格外好，连最调皮的学生也聚精会神地听讲，甚至有不少人主动举手发言。同学们的密切配合，使老师的紧张心情松弛下来，公开课上得很成功。

当然，作为一个同学、一个班级，每节课都应像这节公开课的表现一样。这暂且不谈，仅就这节课而言，学生明白事理，关键时刻维护老师的威信和荣誉，这是对老师的最大理解和帮助。同学们的真诚，使师生关系更加和谐，它推动了教学工作。

3. 关心

尊老爱幼、相互帮助，是我国人民的传统美德，老师爱学生，学生亦应爱老师。学生对老师的爱，更激励老师满腔热情地工作。许多事例令人感动。

数学组的李老师突患冠心病，这对于一贯认真负责的李老师来说，真是心急如焚，开始，她勉强写出每节课对学生的安排，做哪些题，或做哪张练习。后来，实在支撑不下去了，只好休息。

此时，高三（5）班的同学们，给老师写了封热情洋溢的慰问信，由班里钢笔字写得最好的同学抄在信纸上，全班每个人都签上了自己的名字。班长跑了好几个花店买了鲜花，开始，选派代表去看望，后来许多同学都去家中看望。连平时大大咧咧的男同学，也对李老师说："李老师，您安心养病吧，别惦记我们，学校已经安排老师给我们上课了，我们一定配合老师把课上好……"同学们的关心与爱戴使老师深受感动。

有位王老师的爱人，不幸因车祸而过世了，这给王老师突如其来的沉

重的打击。组织上的照顾，同志间的关怀，不必细说。尤其当时初三（3）班的同学们，在老师突逢意外之际，向老师伸出了友谊之手。他们轮流去老师家值班、看望、陪伴老师，给老师做饭，洗菜，给老师买去了营养品。他们像小大人似地安慰王老师，劝老师保重身体。他们在一张白图画纸上，印上了43颗红心，上面密密麻麻地写着每个同学对老师的祝福和问候。

如，一位同学写道："人生是由无数烦恼的小串珠组成的念珠，而达观的人是笑着数完它的，愿您成为生活中的强者。"

另一名同学则写道："王老师，无论何时何地，总有43颗充满着真挚的情和爱的心，围绕着您，伴随着您，您感到它的跳动吗？""心，仅拳头之大，却有比天空更广阔的领域，您拥有43颗心，您知道吗？您已经拥有了一个世界。""……当您悲伤和烦恼的时候，想想初三（3）班的所有同学，您一定会得到无限的安慰和信心。"

不仅如此，还用毛笔写了"心连心"——初三（3）班全体同学敬书的横幅，送给王老师。这43颗赤诚的心温暖着王老师，这43份衷心的祝福陪伴着王老师度过了悲痛的时刻。怕影响孩子们中考，王老师忍受着失去亲人的痛苦，坚持来校为孩子们上课。懂事的初三（3）班的同学们，不仅课上、课下更尊敬老师，更积极配合老师搞好课堂教学，完成课后作业，当听说有的班个别同学，上课不遵守纪律，惹老师"生气"时，同学们自发组织起来向他们发出"警告"。

每每讲到这些往事，即将退休的王老师总是情绪激动。是的，今年已经高三毕业的原初三（3）班同学们，不愧是品学兼优的学生，他们讲文明、懂礼貌、守纪律、重友情，他们不仅在当年王老师教他们的时候如此，即使到高中王老师不再教他们，他们仍然是那样热情，始终保持着友好的师生情谊。

还有一位老师，由初二开始至高三，连续五年担任实验班的班主任，每当老师生日之际，同学们为老师点歌，这天——4月29日也恰逢每年的校春季运动会，在看台上，"花儿们"围在园丁的周围，向浇灌、哺育他们成长的老师表示生日的祝贺。今年，他们已经高中毕业了，暑假中，这些即将跨入高等学府的学子们，没有忘记老师，他们搞了"一日五游"，看望了辛勤培育他们的五位老师。

感人的事很多很多，不仅只在老师生病时、困难之时，表示出学生对老师的关心、爱戴，平时的小事亦可体现：看到老师身体不舒服，给老师搬把椅子，上面放上椅垫，或倒杯水；教师节前夕，送去一张小小的贺卡、或一份小小的纪念品、一封情真意切的信，表示对老师的感激之情，对老师来说这是最大的安慰和补偿。老师的劳动难以计量，在一定程度上，是一种无偿的奉献，学生的赠品，哪怕只是只言片语，也会使老师激动许多，使他感到自己的劳动得到承认。

俗话说"师徒如父子"，父爱、母爱是世界上最真挚的，好像是天经地义的，而反过来，子女对父母的关心和爱，哪怕仅有50%，都令父母感到莫大的安慰，而师生之间的感情亦如此。

4. 开展活动

同学之间，通过各种丰富多彩的集体活动，可以加深彼此之间的了解，增进友谊，师生之间也如此。班级搞的一些活动，除去班主任之外，可以邀请其他老师参加，不仅可以陶冶情操、活跃气氛，还可增进师生之间感情交流和相互理解。特别是艺术活动有增强人们内心的道德信念，使人们产生感情上的共鸣，从而缩短彼此间的距离。

有一次新年联欢，国防科工委代培班的同学们，自己绘制、设计别致的请柬送给各位老师，还邀请了学校各个处、室的其他工作人员。这次联欢会，有许多科工委领导，学校的各级领导和教师，还请了学生家长代表，会上同学们自编自演的小品、舞蹈、表达了他们对领导们给他们这些军人后代创造这样一个难得学习机会的感激之情，表达了对园丁们的敬爱之情，气氛热烈，感情真挚、感人。

误区6：可以不尊敬老师

误区描述：现代社会强调人人平等，学生和老师是一样的人，不要拿古代的师道尊严来要求学生。

分析与纠正：在我国悠久的历史长河里，有天地君亲师之说，其意思是老师是仅次于天、地、君、亲之后的重要人物。有道是：一日为师，一

生为师。解放后把老师尊称为"园丁","人类灵魂的工程师"。

作为学生，在学校里的主要任务是学习。向老师学习，向书本学习，采用的主要方式是上课，即课堂学习，此外还有课外的辅导答疑、批改作业、阅批试卷及其他各种课外活动。

以前曾经有一种习惯，学生不论是在什么地方，只要见到自己的老师必定要行礼，或鞠躬或敬礼。记得笔者第一次上学时，舅舅领我去见老师，当时在农村里把老师称为师傅，我要见的是位孙师傅，长得又高又胖。一见老师，我舅舅让我给孙师傅鞠躬，当时孙师傅坐在炕上，炕边上放着他烧茶用的小火炉，我也没注意，就立即鞠躬，小孩子家做事莽撞，深深一躬下去，额头正好碰在炉子边上，把我的额头碰破了，血流不止。

现在学生见了老师不用行什么礼，只要打一招呼就可以了，大多数情况下喊一声"老师"就行了，有的学生也说声"老师，您好!"其实只要问候一声"您好"也就够了，是以表达相遇时的礼仪了。但是，千万不要采取视而不见，不理不睬的做法，这可是大失礼仪的行为。如果在课堂上，开始上课时，一般都要起立，行注目礼（注目礼的具体要求和做法下面详细说明）。如果有什么问题提问时，可以先举手，等老师允许以后，再站起来讲话。

在课堂上最重要的礼仪是安静，注意听讲，不要交头接耳，低头做小动作，更不要睡大觉或干与本课无关的事。在课堂上专心听讲，这既是表明对老师的尊敬，也是表示对老师劳动的尊重。

现在，大学里的课堂情况比较多样复杂，一般来说，小班上课，人少，好管理；大班上课，人多，管理难度大，特别是一些政治理论性的思想教育课，有时候课堂秩序较乱，干什么的都有，睡觉的，交头接耳的，读其他书籍的，看报的，听收音机的，甚至还有出出进进的。有的同学连开始上课的起立也懒得起，别人起立了，他还坐在那里；有的同学虽然起立了，也没有"注目"，不合注目礼的要求。这些都是对老师没有礼貌的表现，也说明这些同学缺乏礼仪知识和礼仪修养。正确的做法是，行注目礼，必须立正站立，两臂自然下垂，两眼平视并注视对方，面带微笑或庄重肃穆，等老师还礼以后，再缓慢平稳地坐下。

尊师是中华民族的优良传统。学生越尊敬老师，老师越能教得起劲，教得用心，越能把真才实学教给学生，这样教和学两方面的良好结合，是整个教学过程所需要的。

古代就有"程门立雪"的故事，说的是宋朝有个叫杨时的人，40岁到洛阳拜程颐为师，学习很用功，经常去找老师求教，不管天寒地冻、酷暑炎热坚持不懈。有一次，杨时约上同学游醉两人一起去找老师求教，他们到学堂时，正好程老师坐在椅子上睡觉，他们为了让老师能够多睡一会儿，好养养疲倦的身体，便站在门口等候。等程老师一觉醒来时，便看见杨时和游醉一声不响地站在门口，赶快叫他们二人进屋来。这天正巧天气很冷，又下着鹅毛大雪，他们二人的身上全是白白的雪花。

误区7：与同学相处可以不拘小节

误区描述：与同学相处，不必讲究，可以随便些，轻松些。

分析与纠正：学生在学校里来往最频繁的是同学相互之间在学习、生活上的交流，尤其是住校生，不仅在一起学习上课，而且还整天吃在一起，住在一起，玩在一起，相互之间的关系是十分亲密的。正由于如此，有的同学就忽视了与同学相处的礼仪，轻者影响了同学间的关系，重者则有碍于学习成绩和生活质量的提高。因此，同学之间也要十分重视礼仪修养。同学之间相处的礼仪主要有下面这些：

1. **团结友爱**

处处要注意团结同学，一言一行，一举一动都要从团结的愿望出发。和同学相处一定要言行一致，表里如一，嘴里说的，就是行动上干的，能做到的就说能做到，做不到的就说做不到，实实在在，不搞虚假的那一套。

说话要注意场合，注意分寸，即使开玩笑，也要注意这两点，该说的就说，不该说的一定不能说，要管住自己的嘴巴。俗话说，病从口入，祸从口出。管住自己的嘴巴十分重要，很多同学不重视这一点，一高兴就信口开河，逮住什么说什么，求得一时的痛快，全然不顾后果；一生气就暴跳如雷，骂不绝耳，什么难听就骂什么，不仅造成很坏的影响，而且这也是无教养，无礼仪修养的充分表现。

古人说，盛喜时，勿许人物；盛怒时，勿誉人言；盛喜之时，多失信；盛怒之时，多失体。所以，特别是在高兴和生气的时候，要更加注意自己的言行。

经常在一起，免不了相互之间借用东西，但是必须做到有借有还，即使随便要用一下别人的东西，一定要打个招呼，告诉一声，不要拿起来就用，根本不问主人是谁。

2. 顾全大局

在集体生活中，要顾全大局，遵守规章制度，要按照大多数人的意志做事，千万不可我行我素。例如，宿舍里都熄灯就寝了，自己才回去，这时就应该尽可能静地开门、上床、休息，以免打扰别人的睡眠。记得笔者上大学时，同宿舍有位同学，由于他是干部，总是很忙，几乎每天晚上都来得很晚。他回来后，很轻地打开门，轻轻上床睡觉了，从没有打扰过我们的休息。

近几年，看到过一些事情，则与笔者上大学时候的情形不大相同。像前几年笔者所在的学校服装系和工美系的一些学生住在办公楼6层，很晚了，有的同学才回来，来时还唱着歌，自己又不带钥匙，一来就敲门，敲门的声音一声比一声高。有时，别人已经睡觉很长时间了，没有人给开门，就一直敲门，又加上喊叫声，个别的情况下还有大骂声，弄得整个楼道里都不得安宁。

有的同学回来得很晚，来了以后还要洗洗涮涮，弄得声响很大，也很影响别人的休息。这些做法已经不仅仅是缺乏礼仪修养的问题了，而是缺乏公共道德的表现，只顾自己，不顾别人，把自己的方便建立在对别人有害的基础上是很不应该的，缺乏起码的品德修养。

3. 礼貌待人，互帮互助

打招呼的方式很多，可以问好、点头、微笑、招手或喊一声等，总的要求是要做到热情、诚恳。

同学需要帮助时，一定要尽最大的可能助其一臂之力，不要视而不见，置之不理。乐于助人是我们中华民族很重要的美德之一，也是礼仪修养中不可缺少的内容。当然，帮助别人要根据具体情况，做到尽力而为，量力而行。

但是，另一方面，有困难的同学也不要强求别人帮助，给别人造成困难，甚至带来麻烦。有困难自己多克服，有痛苦自己多承受，有危险自己多承担，尽可能避免打扰别人，这也是我们中华民族的重要美德之一。

4. 不议论人非

和同学相处要谨防传话，在背地里说别人长道别人短，这是同学间最忌讳的东西。正确的做法是，自己不传，不说。听到别人说，要认真分析真伪，不要轻信，不要盲从，处处养成勤动脑、多观察的好习惯。

要正确地对待同学，就必须正确地估量自己，时时处处把自己放在恰当的位置上。妄自尊大，妄自菲薄，忘乎所以都是不切合实际的，所以是不足取的。不论你是一般同学，还是学生干部；不论你在学习上或其他方面取得了一些成绩，还是遭到了失败；不论你是较高层领导干部家庭出身，还是工人、农民家庭出身，都要做到头脑冷静。自知，自尊，自制，即在人格上要自尊自重，顶天立地，品德上能伸能屈，能上能下，与人交往上要不卑不亢。

5. 一定要做到有自知之明

俗话说，人人心中有杆秤。自己心里的这杆秤，一定要把自己称准确，如果称轻了，就会产生自卑；如果称重了，就会产生自满；如果称得正好，就是自知。真正做到这一点是很不容易的，有的人经常把自己称轻了，有的人常把自己称重了，而且这后一种人数量相当多，很多人在情况顺利时，或者取得了一些成绩时，胜利冲昏了头脑，沾沾自喜，自不量力，而一旦出现什么波折，困难，遭到一些失败，就立刻会垂头丧气，一蹶不振。

因此，作为一个新时代的青年学生，一定要努力学习，认真总结经验和教训，不断提高，不断进取，人生的道路如逆水行舟不进则退，只有不断学习，才能不断进步。在自重、自强、自尊、自爱、自知、自制的基础上，恰当地、热情地、诚恳地对待同学，对待别人，和同学相处得水乳交融，亲同一家。

误区8：作为学生不必多礼

误区描述：学生以学习为主，朴素生活，不必学那么多繁琐的华而不实的礼仪规矩。

分析与纠正：礼仪是文明的象征，学习礼仪规范是学生必需的功课。下面是学生需要学习的基本礼仪：

1. 学生仪容、仪表、仪态的礼仪

衣着得体：中小学生的日常着装要符合年龄特点，特别是符合学生身份，整洁大方。少先队员、共青团员依照规定佩戴红领巾或团徽。学生不化妆、不戴饰物、不烫发，男生不留长发。

参加集会、听讲时坐正立直。坐正：头正颈直，上体与座椅靠背基本垂直。立直：抬头挺胸，上体、双腿与地面垂直。

行走稳健：行走姿势正确、步幅适中，稳健有力。在楼道、教室行走时，慢步轻声；在街道上，靠右行走；不摇肩晃臀，不与人勾肩搭背行走。

谈吐举止文明是仪表的综合要求。与人交谈时，态度诚恳，语言文明。待人接物中，表情自然，动作大方。

2. 学生体态语言礼仪

微笑：是对他人表示友好的表情，不露牙齿、嘴角微上翘。

鞠躬：是下级对上级、晚辈对长辈、个人对群体的礼节。行鞠躬礼时，脱帽、立正、双目注视对方，面带微笑，然后身体上部向前倾斜自然弯下，低头眼向下看。有时为深表谢意，上体前倾可再深些。

握手：是与人见面或离别时最常用的礼节，也是向人表示感谢、慰问、祝贺或鼓励的礼节。握手前起身站立，脱下手套，用右手与对方右手相握。握手时双目注视对方，面带微笑。一般情况下，握手不必用力，握一下即可。老友间可握得深些、久些或边问候边紧握双手。多人同时握手不要交叉，待别人握后再伸手，依次相握。

招手：在公共场合远距离看到相识的人或送别离去的客人，举手打招呼并点头致意。

鼓掌：是表示喜悦、欢迎、感激的礼节。双手要有节奏地相击，鼓掌要适时适度。

右行礼让：在校园、上下楼梯、楼道或街道上行走时，靠右侧行进。遇到师长、客人、长、幼、妇、残、军人进出房门时，主动开门侧立，让他们先行。

3. 学生与人交往、谈吐基本礼仪

尊称（敬称）：长辈、友人或初识者称"您"。对师长、社会工作人员要称呼职务或"老师"、"师傅"、"叔叔"、"阿姨"等，不直呼其姓名。

对他人提出要求时说"请"；与人打招呼时说"您好"；与人分手时说"再见"；给人添麻烦时说"对不起"；别人向自己致谢时回答说"不用谢"；得到别人帮助表示感谢说"谢谢"。

4. 升国旗、唱国歌礼仪

参加仪式的学生要衣着整洁，系好衣扣、裤扣，戴好红领巾，脱帽，面向旗杆方向立正站好。不得交谈、走动或做其他动作。升国旗奏国歌时，面对国旗行队礼或注目礼，直到国旗升至杆顶。

少先队队礼：立正站直，右手五指并拢，高举头上，眼睛注视受礼者，表示人民的利益高于一切。

国歌是音乐形式的国家象征。唱国歌时要立正站好，目视前方，神态庄重，歌词正确，音调准确，声音洪亮。

5. 学生校内礼仪

进校第一次见到师长，要止步立正鞠躬问好："老师好！""校长好！"人多时，可以点头示意问候；见到同学，可点头致意，招手问好。

上下课起立。站在座椅一侧，双手自然下垂，向老师行注目礼。

课上准备提问或回答问题先举手。正确动作是：端坐座位上，右肘放在桌面上，上臂上举，右手五指并拢，指尖向上，等老师允许再起立发言。

进入老师办公室或居室喊"报告"或敲门，声音以室内人听见为适度，在社会交往中，进入他人房间也须先敲门，未经允许不得擅自入内。

6. 学生迎宾礼仪

宾客来访，要起立迎接，面带笑容，主动问候："您好！""欢迎您来！"

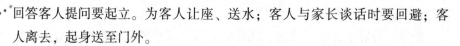

回答客人提问要起立。为客人让座、送水；客人与家长谈话时要回避；客人离去，起身送至门外。

7. 学生家中礼仪

就餐先请长辈入座，自己方可就位，就餐中也要礼让他人。

离家前，向家长打招呼："我走了，再见！"归家说："我回来了！"

见家长离家或归家，主动招呼，递接物品等。

误区9：老师是为学生服务的

误区描述：学生是主体，老师是为学生服务的，学生和老师是平等的关系，要改变"师道尊严"的老观念。

分析与纠正：诗人把老师唤作"课堂里的树"，说老师的"语言，是富有光泽的树叶"。歌唱家以"老师的窗前彻夜明亮"来赞颂老师的鞠躬尽瘁、无私奉献。老师是耕耘春天、播种希望的人，他撒播下希望的种子，辛勤耕耘，我们就是他培养的一颗颗种子，将我们育成参天大树。赞美老师，是对老师的一种肯定，一种尊重。那么，我们该如何尊重老师？

第一，要在认识上，感情上去理解老师、体贴老师，不能简单地认为老师是为了某种功利来从事教书育人的工作，记住"那块黑板擦去的是功利，写上的是真理"，老师在夜深人静的时候，还在备课，批改作业，学生全部酣然入梦的时候仍在查寝。这种辛勤的劳动，是为了谁呢？如果是为了功利，他们又何必如此辛苦地工作呢？大可不管我们的学习、纪律、卫生，这些超出工作时间的劳动又没有经济报酬。因为这些，所以我们更要理解老师的价值取向。

第二，要尊重老师的劳动。课堂上要认真听讲，积极思考，这也是尊重。学习中以进取的心态，严谨的风格，参与活动，完成学习任务也是对老师的尊重，有创新意识，对老师的教学提出建议，同样也是尊重老师的一方面。

第三，要接受老师的教育，在成长过程，有错误是在所难免的，可关键是能否知错就改，如果能，那既表现出我们的宽广胸怀，也表现出对老师的尊重。遗憾的是有些同学知错但不改错，恶意顶撞老师。所有的一切，无一不透露着你的不可理喻，缺乏改错的胸襟和你的无知、愚蠢。因此，笔者希望每一个同学都能知错就改，接受老师的教育，这同样也是对老师的尊重。

第四，要养成使用礼貌用语，主动向老师问好的习惯。如果你主动说了一句"老师好"，这样不仅反映出你的高尚品格，还增进了师生感情，体现出你文明礼貌的素养。

第五，上课时不要顶撞老师。尊敬教师是中国人的传统美德，也是青少年应有的品质修养和文明行为。经常有一些学生有在上课时顶撞老师的不良习惯，这是对老师极不尊重的行为。那么，想改掉这种毛病怎么办呢？

1. 要从思想上认识到，顶撞老师是不对的，是绝对不允许的。这是不讲文明，没有道德修养的表现，不符合中学生应具有的行为规范要求的行为。

2. 要知道，一个人从无知到有知，从粗俗到文明，从幼稚的孩子到具有丰富的文化科学知识的有志青年，都离不开教师的辛勤培养和循循善诱的教导。因此，每一个学生都应该对教师保持发自内心的崇敬和热爱。

3. 作为学生，任何时候都要有尊敬教师的文明礼貌习惯。无论在校内外或任何时候见到教师都应主动、热情地向教师致意，问早、问好；上课迟到或到教师的办公室有事，都要先征得教师的允许方可进入；与教师交谈时，如果教师是站着的，自己就要站起来与教师交谈；进出门、走在楼梯上遇到老师要主动让路；如果教师生病了，同学们应主动到教师家里或医院探望、慰问；新年里可以给教师寄贺年信或到教师家里贺年等。这些都是我们应养成的良好习惯。

凡是不尊重教师、走在街上视教师为陌生人，给教师起绰号，顶撞教师的批评教育，都是与社会主义精神文明所不相容的，应当受到批评谴责。

4. 人无完人，金无足赤。从辩证唯物主义观点看来，教师和其他人一样，身上也会存在着这样或者那样的缺点，在教育工作中也会有失误和过错。但是，当你觉得教师对你的批评教育有所不当时，是不是就有理由顶撞教师呢？遇到这样的情况，作为一个有修养、懂礼貌的青年学生完全可以对教师诚恳地提出自己不同的看法和见解，可以对教育教学中不当之处

提出意见，然后通过和教师交换意见，一起讨论、研究，达到教学相长的目的。当然，我们对教师提出不同看法除了应采取正确的态度，还得注意适当的场合和方式方法，分寸得当。

误区10：不必在同学友情上花心思

误区描述：学生以学习为主，同学情谊都是暂时的，毕业就各奔东西。

分析与纠正：青少年本来最珍视友谊。然而，有时当生活中发生一点波折以后，有些同学竟就对友谊产生了怀疑。本来是两个很要好的同学，偶尔口角一句，从此就不再说话了；同桌而坐的学友，为了争考第一，借到一本参考书，竟封锁起来；有人告诉你，你最要好的同学把你不愿让别人知道的隐私披露了出去……

碰上这种事情，有的同学变得灰心消沉，自认真心诚意对待人，别人却把自己随随便便给伤害了。这使他十分难受，甚至开始怀疑世界上有没有纯真的友谊。

其实，同学和朋友间的亲密情谊，是永世长存、无处不在的，是任何力量也扼杀不了的。要好的同学、朋友突然闹起了别扭，产生了矛盾，原因是多种多样的。有时候，是别人误会了自己；有时候，确实是自己的失误造成的。遇到这种情况，我们首先要做的是严格要求自己，认真反省自己的行为。发现错了，勇于承认，并迅速改正。

然而，有些时候，我们与朋友之间关系的紧张却是起因于朋友的错误。在这种时候，该怎么做才是得体的呢？

古代名著《世说新语》里有个"管宁割席"的故事：有一对好朋友——管宁和华歆——一起在菜园中锄草，突然掘出一片金子，管宁照旧挥动锄头，把金子看得同瓦石没有两样，华歆却拾起金子看了一番，然后才扔掉。后来，又有一次，他们一同坐在一张席子上读书，有个坐着马车的显贵人物从门口经过，管宁照旧读书，华歆却放下书本，走出去看。看到华歆如此贪慕富贵荣华，管宁很生气，就割裂席子，把座位分开，对华歆说："你再不是我的朋友了。"

"管宁断席"的故事受到很多人的传颂，但也有人对此有不同的看法，认为管宁仅仅因为老朋友有一些这样那样的毛病，便这么绝情地与他一刀两断，未免太不合人情，也太不珍惜友谊了。从历史上看，华歆后来当上了魏国的相国，史学家称赞他是"清纯德素"的"一时之俊伟"，可见这个人其实并不是什么追逐名利的小人。

我们当然希望自己交上的朋友个个都是品德优异的人，但是，这样说绝不是等于要自己的朋友个个都必须完美无瑕，做人处事处处都合乎规范，永远正确。"金无足赤，人无完人。"要知道，生活中，一点缺点也没有的朋友是永远也找不到的。

在一个集体中，有人先进，有人后进；先进者会有缺点，后进者也不见得没有优点，这才符合生活的真实。古人说："人至察则无徒。"对朋友要求太高，像容不得眼中的沙子一样容不得朋友的一星半点过失，这个人将会没有朋友。对于有缺点的朋友和同学，我们决不可以横眉相向，鄙视疏远，断绝往来；而应诚恳直言，晓之以理，耐心帮助，这才是真正的待友美德。

误区11：自己的成绩最重要

误区描述：同学之间是一种学习上的竞争关系，自己学习好最重要，不必去帮助同学学习。

分析与纠正：假如你是班上的学习尖子，你是否感觉到与班里的后进生极难相处？是否觉察到他们不喜欢接近你，还常常找点小事讽刺打击你。而令你矛盾和为难的是，老师又常常要你帮助他们提高成绩，共同进步。这时候，你该怎么办呢？

1. 莫伤对方自尊心

有一位担任班级学生委员的女中学生讲述了这么一个亲身经历的故事。王小红当选学习委员的那一天，向同学们诚恳地说："既然大家信任我，选我当学习委员，我非常愿意为大家服务，谁在学习上有什么不懂的地方，随时可以来问我，我一定热情帮助。"

可时间一天天过去了，班上成绩落后的同学却没有一个来找她。王小红觉得很纳闷，她以为这些同学是怕麻烦她而不好意思来向她请教。于是，她主动去询问这些后进生。

第一天上早读课，大家都在读英语单词，她却看见有一个同学正在做数学题。于是她走过去对这个同学说："你哪道题不会，我来帮你！"没想到这个同学一脸不客气："去去去，别以为就你行，我才不稀罕呢。"

王小红听了，心里委屈极了。但事后一想："也许是自己的方法不对头吧？我得找一个能让他们接受帮助的方法。"于是，她请教了班主任，经过了一番冷静的分析与思考，又经过一段时间的实践，终于摸索到了与后进生融洽相处的一套方法。她是这样介绍自己的心得的：

作为学习成绩好的学生，不能鄙视成绩差的学生，要保护他们的自尊心，尊重他们的人格。成绩落后的同学并不甘心成绩不如别人，但又不愿意让别人认为自己成绩不好。于是，他们宁可不会，也不肯当着别人的面去请教其他同学。所以，要真心真意地帮助这些后进同学，就不能伤他们的自尊心。

2. 要敢于嘲笑自己的缺点和不足

让别人了解自己，看到自己也有缺陷拉近自己与后进生的心理距离。自己说错了一句话，做错了一道题，都敢于当众承认并虚心地向别人请教，时间长了，和学习成绩差的同学的关系，自然而然便变得亲密融洽了。

既看到后进生的不足，也看到其长处。俗话说："尺有所短，寸有所长。"学习成绩不好的同学身上往往有一些其他特长是别人一般不具备的。肯定他们的长处，尊重客观事实，既满足了他们的自尊心，又促使自己观照到自身的不足，理解到"凡人凡事都要一分为二"这一处世哲理的深刻，从而使自己能更加谦和亲切地与后进生相处。

讲究方式方法，要有恒心不怕碰钉子。其实，后进的同学总是希望有人帮助的，如果能运用适当的方法，让他一而再、再而三地感受到你的热情和真挚，他便会转而接受你的帮助，并从心底里感激你。

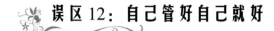

误区 12：自己管好自己就好

误区描述： 自己管好自己就好了，不必去管集体的事情。

分析与纠正： 人际关系是否融洽、和谐，将直接影响一个单位、一个部门、一个集体的整体功能和效力。大家团结一致、齐心协力所形成的合力，往往不是单个力量的加法，有时甚至是乘法。在科技飞速发展的时代，很多事情不是一个人能够完成的，而需要相互配合，相互协作，利用整体的智慧和优势来完成。

就中学生来说，如果一个学校、一个班集体，同学之间能相互沟通、相互理解，大家和谐相处，在学习上、工作上、生活上互相帮助、互相关心，那么，这个学校、这个班集体就会有好的校风、班风，这个学校、这个班集体学习、纪律、文明水平及各项课外活动就会生气勃勃，健康向上，每个同学也就会感到自己是生活在一个温暖和团结友爱的集体之中。

反之，如果一个学校或一个班集体的同学之间互不往来，缺乏交流和沟通，互相争斗、互相抵触，相互之间缺少团结协作精神，那么这个学校或这个班集体的校风或班风就不正，学校或班集体的整体水平和效力就会上不去，校风或班风就会死气沉沉，同学也就不会感到集体的温暖和力量，就会缺乏集体荣誉感。

由此可见，在一个学校或班集体中，有意识地增进同学们之间的相互交往、相互理解，创造一种积极向上、民主融洽、团结协作的人际关系，使同学们能心情舒畅、精神饱满地投入学习和各项活动之中，对办好一个学校，管理好一个班集体，培养好一名中学生，都是有其积极作用的。

误区 13：住宿生不用强调住宿修养

误区描述： 住宿而已，还讲那么多的修养没有多大意义。

分析与纠正： 住宿生生活在学校里，宿舍成了暂时的家，平时学习、

生活及其他活动都是在这个集体大家庭里进行的。但宿舍毕竟又不同于真正的家，因而住宿生生活在这个大家庭里，必须受特定的规章制度与道德礼仪的约束。

通常，学校都制订有住校守则，除了遵守这些规章制度外，日常生活间，还必须特别注意如下礼仪：

1. 注意保持宿舍整洁

按轮值的方法定期打扫宿舍，冲洗地板、洗手间、桌子、门窗等。

2. 自觉搞好个人卫生

早上起床后，床铺要收拾干净，被褥蚊帐要铺叠整齐，衣服、鞋帽要整齐地安放在指定的地方。衣服袜子要勤换勤洗，若换下来不及洗时，则要注意不乱丢，而要安置在妥当隐蔽的地方。

3. 个人用具卫生

盥洗用具、吃饭用具等要安放整齐，不与别人的靠叠一起，更不要随便混合，以减少感染疾病的可能。

4. 食品卫生

食用糖果、点心等时，要与舍友们共享，不要私下独自大吃大喱。吃不完的食物要密封，以确保卫生。

5. 借用物品

不能擅自拿用他人东西，借东西要经主人同意，用后及时归还。若损坏，应照价赔偿。

6. 重要物品不乱丢乱放

要安全可靠地放置在自己上锁的书桌内或箱内，以免因保管失当，造成遗失而引起同室舍友间的不信任情绪。

7. 爱护宿舍内的公用物品

使用后要及时放回原处，不可乱丢。刮风下雨时要注意关好门窗，晚上睡前要记得关灯。

8. 平时用电、用火要注意安全

熄灯后应立即休息，不要再点灯或蜡烛，以免影响舍友休息，甚至造成火灾。

9. 宿舍内，应讲究语言文明

不可乱叫同学绰号，不可讲粗话或下流话。

误区14：可以不管舍友的感受

误区描述：舍友只是住在一起而已，可以不管他们的感受。

分析与纠正：来自不同地方、不同性格的同学同居一室，共同生活，共同学习，这就要求我们必须特别讲究礼貌和修养。下面我们就着重来谈谈同住一宿舍的同学之间须备的礼仪要求：

1. 尊重舍友，礼让三分

宿舍是同学们休息的场所，学习之余，在宿舍里下下棋、听听音乐、弹弹吉它，这当然是正常的，但这一切都要以尊重舍友，以不妨碍舍友的起居和学习为前提。每个同学的兴趣爱好、生活习惯、性格情趣都可能有所不同，因此，自己娱乐时，便要十分节制，不能侵犯其他同学休息的自由。例如，开收音机、录音机时尽量使用耳机，或把音量调轻；夜间迟归或上下床时，动作要轻柔。另外，在公共场所，例如在使用公共卫生间、水龙头或晒衣时，不能霸占独用，要先人后己。

2. 尊重集体的生活秩序

在集体宿舍里，不随便使用、翻弄或移动别人的东西，如有特殊情况不得不使用他人的东西时，要坚持事先征得别人同意后方可使用；个人用物要安放好，不要随处乱丢，如遗失物品，不要胡乱猜疑别人；平时要遵守作息时间，起床、休息、自修、用膳、熄灯等，都应按学校规定的作息时间进行。

3. 彼此关心，相互帮助

当舍友生病的时候，要主动关心，热情照顾，如陪同看病、帮忙打饭、打开水等；遇到舍友在生活上、经济上发生困难，要尽力帮助。舍友间相互关心互相帮助，还应体现在一些日常小事上。如有的同学衣服晾在外面

忘记收了，应当帮助收回来；有的同学物品损坏或丢失了，应主动大方地相借……

4. 宽以待人，有错就改

大家同处一室，日常中难免发生一些矛盾和不愉快的事情。大家要克制自己，宽以待人，互相谅解。当其他同学发生争执时，不要袖手旁观，应耐心劝解，搞好团结。如自己违反了宿舍的规则，或做了不文明礼貌的事情，要虚心接受别人批评，知错就改。切不要强词夺理，或对别人怀恨在心。

5. 不干预舍友的私事

要把宿舍变成一个温馨和睦的家庭，舍友之间必须互相帮助，互相关心。但所谓事有寸尺，物极必反，关心同学也有一个限度。如果你在关心别人的同时却又太热衷别人的私事，对别人一些不愿公开的隐私大感兴趣，常常对其寻根问底或私下探问，这便会导致他人的反感。

日常生活中，不论你是有意或无意干预别人的私事，客观上，这些都是缺乏教养，令人反感的表现。同居一室的同学朝夕相处，接触的时间比较多，更应注意做到，在集体生活中既关心舍友，但又不干预舍友的私事，不干涉别人的隐私。

6. 不可私下偷看舍友的日记

偷看别人日记是不道德的行为。许多同学的日记都记下了许多不愿为人所知的秘密与隐私。假如你的日记被偷看被泄露了，你的内心一定会觉得受到很大伤害。所以，以己推人，同学们一定不要去私翻私看别人的日记。即使有的同学的日记本随便地丢在枕边或放在桌子上，甚至翻开摆在那里，我们都不应以任何借口去翻阅偷看。

7. 不可私拆舍友信件

集体宿舍人多，同学的信件也较多。有些同学对别人的信件总是发生很大兴趣，老是手痒痒想拆来看个究竟。这是道德所不允许的行为。无论在什么情况下，谁也无权私拆别人的信件来偷看。否则，你迟早会成为别人眼中道德败坏的人。

在集体生活中，尊重和保护他人的隐私，尊重他人的人格，是重要的礼仪之一。有时，同学的客人或亲属来访时往往会谈及一些私事，同舍的同学应主动地适当回避一下，而不可在一旁偷听。

8. 不过分干预舍友的活动

有时同学为了私事离开宿舍时，不要自以为是地对其进行盘问或阻止；当有异性朋友来拜访舍友时，也不要探问其与舍友之间是什么关系……

9. 宿舍接待须知

在宿舍接待客人时，要在客人进入宿舍前与各位舍友打声招呼。

进宿舍后，应以主人身份，把客人介绍给舍友。招呼客人时，不要高声谈笑；客人逗留过久而赶上休息时间时，应对客人作适当婉转的提醒；假如客人来访时正碰上休息时间，则应带客人到宿舍外面坐谈。假如来访的是异性客人，便应顾及舍友衣着、起居方面的方便而见机行事。

到其他宿舍拜访时，进门前应轻轻敲门，征得允许后方可进入。

进宿舍后，应主动与其他同学打招呼。下坐时不要随便坐其他同学床位，应坐椅子上或你要找的朋友的床位上（如果你的朋友睡上床，那么，经下床同学允许后也可坐下床）。到其他宿舍去，切忌动用或翻弄别人的东西；交谈时谈话声音要轻，逗留时间也不宜太长。若到异性宿舍串门拜访，则更应特别注意，在该宿舍其他同学方便的情况下才能进入。

误区 15：上课气氛活跃才好

误区描述：气氛活跃才能提高大脑兴奋度，才不会昏昏欲睡，听课效率才高。

分析与纠正：西方的教育思想和中国不同，适合西方的教学方式不一定适合中国。在中国，作息时间和课堂纪律等，都是很重要的。

1. 做好上课准备

上课的预备铃已经响过，老师已经来到教室门口，但课室里面还是闹哄哄的，一些同学还在高声谈笑。假如你是老师，假如你在这种情况下走上讲台，面对着这么一班嘈杂不宁、不懂礼貌的学生，能有好心情来上

课吗？

每一位同学都应该明白，课前做好充分准备是身为学生必备的礼貌。在预备铃前进入教室，准备好课本、练习本、文具等，安静端坐，恭候老师的到来，是对老师最起码的尊重。老师一踏进教室门，就感受到这种肃穆气氛，心里一定会因受到尊重而感动，自然会更尽力地传授知识。做好课前准备，既是上好一节课的良好开端，又表达了对师长的尊敬，密切了我们与老师之间的关系。

对同学们来说，课前准备是从上一堂课转向下一堂课，从室外活动转入室内学习的一种过渡，它可以帮助我们在短时间内使自己的思想尽快集中起来，为下一堂课做好精神准备。如果每位同学都充分做好上课准备，就既能为自己上好每一节课打下基础，又能表达对整个班集体的尊重。不然的话，整个班级的上课质量都将受到影响。

2. 遵守课堂纪律

遵守课堂纪律，既是尊重老师的表现，也是尊重同学、集体的表现。为了上好一节课，老师在课前都要花不少心血钻研教材，备写教案，以便在有限的时间内把更多的知识更好地传授给同学们。老师在上课时，如果学生的课堂纪律好，认真听讲，做好笔记，积极发言，不窃窃私语，从而使老师沉浸在备受尊重的氛围中，其思路就会越讲越顺，教学水平也会随之发挥到较佳状态。反之，假如一些同学不遵守课堂纪律，思想开小差，爱做小动作，甚至旁若无人地交头接耳，就会扰乱课堂秩序，使老师感到缺乏应有的尊重，从而产生沮丧、失落之感，情绪低落，思路也随之被打乱，授课水平因而下降。

课堂上，任何一个同学扰乱了课堂秩序势必都会影响其他同学的上课情绪。要么是爱搞小动作爱说话的同学影响到前后左右的同学听不了课，要么是老师不得不中断上课来批评提醒一些不遵守纪律的同学，这样不仅浪费了全班同学的时间，而且也打断了同学们听课的连贯性。

正因为这样，每个学生都应遵守课堂纪律，这是对老师、同学的尊重，是对自己的尊重，也是对知识和学业的尊重。在课堂上认真回答老师提问，老师提问是必不可少的教学手段，每个同学自然都有过被老师提问的经历。下面，我们一块来看看怎样回答老师的提问才是礼貌和正确的。

主动回答问题时，应先举半臂右手，经老师允许后起立发言，而不可坐在座位上，就冲口而出开始答题；老师未点到自己的名时，不要抢先答话。

起立回答时，姿势、表情要大方，不要故意作出松松垮垮或引人发笑的举止。说话声音要清脆，音量大小适中。发言后，经老师允许方可坐下。

当对老师提问的问题自己没有把握，而又偏偏被点到名时，切不可有情绪抵触。这时应该大大方方地站起来，以抱歉的语调向老师解释说："老师，这个问题我答不出来。"

在其他同学回答老师提问时，不要随便插话。别人回答错了，或者回答不出，不可在旁讥讽嘲笑。只有当老师问"哪个同学能回答这个问题"时，自己才可以举手，得到老师允许后，再站起来回答问题。

3. 正确对待老师的批评

由于有些同学在课堂上违反纪律，影响学习，因此免不了受到老师的提醒与批评。但这些受到批评的同学往往心里十分不高兴，认为当着全班同学批评他，是故意拆他的台，让他丢了脸，从而对老师满肚子怨气。更有甚者，还当场顶撞老师，态度恶劣。显然，这些都是十分错误的、没有修养的行为。

有过失的同学，应该怎样理解和对待老师在课堂上的提醒、批评呢？首先应认识到，一堂课，只要有一两个人在那里窃窃私语或做小动作，都会使整个班级的学习气氛受到破坏，影响老师的讲话情绪。这时，老师及时地提醒与批评是理所当然的，这也是老师的职责所在。假如老师对这些不良现象不闻不问，放任自流，这样的老师便不配称为老师。这种不负责的表现，害了自己也害了其他同学。《三字经》上说："教不严，师之惰。"

教师本来就是以培养品德学识皆优的人为天职的。若培养对象出现明显过失时却放任不管，这样的老师实在就谈不上是称职的了。明白了这一点，也就明白了：当老师在课堂上提醒批评不守纪律的行为时，即使是点名批评到自己，也不应愤愤不平地认为是故意让自己出丑，而是应该愉快地接受，并立刻改正。

当然，有的同学由于生性好动，有些坏习惯不容易一下子改过来。但无论如何，对老师在课堂上及时的提醒与批评，我们决不能不当一回事，

更不能因此顶撞老师。相反，应时时克制自己，重视老师与同学的提醒，尽力纠正缺点和坏习惯，做一个讲文明守纪律的优秀学生。

4. 迟到了怎么办

同学们都知道，上课迟到会影响课堂秩序，相信每个同学也都不愿意迟到。但是，有时候我们也确实会遇到特殊情况，不得已只好在开课后才进入教室。这时候，该怎样做才对呢？站在教室门口先喊"报告"。如果门关着，那就应先轻敲门，经老师允许后，才能进入教室。

要向老师说明迟到的原因，说话态度要诚实。假如堂上不便说，也可下课后主动跟老师说清楚。应在得到老师的谅解和批准后，方可回到座位。

回座位时，速度要快，脚步要轻，动作幅度要小。在放置书包与拿课本时，尽量不要发出声响。更不能为了掩饰自己的窘况，反而故意做出惹人发笑的举止。坐下之后，应迅速集中精力，取出课本和笔记，静听老师讲课。

总之，迟到了的同学应该记住努力补救自己给班上带来的干扰，要把由于自己迟到而对课堂秩序造成的影响，降到最低程度。

5. 当老师也迟到了

上课时，学生可能迟到，老师也可能迟到，因为生活中总会偶发一些原先不曾料得到的特殊情况，使教师不能准时到达课堂。比如，因接待来访的学生家长，一时间无法中止谈话；比如，因远方的亲友突然来访，老师不得不应酬几句；比如，突然间身体不适，因此不能不稍作休息等。在这种情况下，身为学生的我们，一定要以理解、冷静、正确的态度来对待。

当学生发现教师在上课铃已响过后，才进入课堂上课时，不要大惊小怪，不要喧哗，不要大声议论，而仍应起立向老师致礼。当老师就迟到的原因作出解释并表示歉意时，我们应表现出谅解和宽容的态度。这样会使教师感到温暖亲切，从而融洽师生关系，增进师生情谊，使课堂教学收到更好的效果。

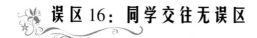

误区 16：同学交往无误区

误区描述：搞小团体，不正当攀比，早恋，自卑与自傲等。

分析与纠正：现代人都要进入各级各类学校接受教育，因而人人都有自己的同学。实际情况表明，同学关系的好坏影响着人的成长和学业的进步。既是同窗学友，自然不应独往独来，孤芳自赏。加入到同学交往的大圈子中来，每一个人都会感到充实、温暖和幸福，因为人本来就是社会性的，离开了集体，离开了人与人之间的互相关怀和帮助，任何人都会失去生活的基本价值。

1. 人格不平等

无论是学习成绩好坏，同学们在人格上是平等的，因此不应该在同学面前表现出明显的自傲或自卑来。自傲者和自卑者都可能在他们与其他同学之间人为地拉大距离，影响同学关系的正常发展。

2. 小团体

一个班级里的同学中总会产生一些朋友群体，但是，不论群体内的人，还是群体外的人，都是自己的同学，不要只与群体内的同学（朋友）相处，而不与群体外的其他同学相处。尤其是，当小群体的利益与全班的利益发生矛盾时，不应当牺牲全班的利益来满足小群体的利益。

3. 不正当攀比

同学交往，免不了攀比，关键看比什么。如果是比思想进步，比学习进步，比身体健康，这当然好；但如果是比谁家老子官大，谁家阔气，谁穿的最时髦等，就实不可取了。前一种比，比的是志气、信心，后一种比，比的是虚荣、嫉妒，其结果，前者越比越进步，后者越比越落后。所以，不但要比，更要看比什么，要坚持比好，抛弃比坏。

4. 早恋

中学同学和大学同学还要注意，这时正是同学们情窦初开、性意识迅速发展、两性关系十分微妙的时期。男女同学之间交往既要攻破那种"森

严壁垒",又不能表现得没有节制和距离。中学生决不要早恋,那早熟的爱果非涩即苦;大学生也应尽量推迟恋爱,以免把更多的精力和时间挥洒在情场上,影响学业。也正由于这种关系的微妙性,因此,稍有动静,便有连锁反应。

每一个同学都应该注意,不要让自己的嘴巴去参加到那些有关某人风流艳事的无聊议论中去,特别是决不要去干那种添油加醋、捕风捉影的事情,这是我们每一个同学都应遵守的同学交往禁忌。

误区 17:学生时代一定要结交几个好兄弟

误区描述:学生时代的友谊是最纯洁的,这个时候结交的好兄弟将是一生的友谊,也是受益一生的财富。

分析与纠正:在校内拉帮结派,搞"校园三结义",分不清集体主义与帮派思想,革命英雄主义与哥儿们义气之间的界线,陷入危险的误区。据报载,1994 年夏天,福建某县曾发生一起 5 名高三学生因屡试不第,不满现实,而集体自杀(未遂)的事件。据了解,这几名同学特别喜爱一起看录像、抽烟、打麻将,他们的行为完全是受武打枪杀暴力等的影响。

此外,团伙现象历来是学生之间打架斗殴的根源。某校初三学生王某在放学途中,由于车速过快、刹车不灵而与外校一名学生李某撞车,虽然双方车人都无损伤,但因撞车责任纠纷,两人各纠集一伙人斗殴,双方大打出手,结果酿成 2 死 8 伤的恶性案件。

可见,学生之间拉帮结派,为非作歹,害人毁己,危害重大。青少年正值青春躁动期,精力充沛,易受外界事物的刺激和影响,好冲动,好表现自己,如果没能把旺盛的精力用在学习上,过剩的精力没能分散在健康的兴趣与爱好中,就会觉得生活单调、精神空虚、无所事事。于是在充斥着暴力武打枪杀色情等不良影视作品的影响下,很容易盲目模仿以致走上拉帮结派的道路,以寻求刺激和发泄过剩精力。

那么我们学生怎样避免误入团伙,走上歧途呢?

首先,要掌握起码的法律常识,明白什么事做了违法,什么事绝对不能做。

其次，通过参加学校各类活动，树立集体主义观念和集体荣誉感，在丰富多彩的校园生活中展示和表现自己，充分享受学校生活的乐趣。如果遇到不顺心的事，可及时向同学、老师和家长或亲友倾诉，及时得以排解。

总之，校园团伙现象的形成和根除绝不是一朝一夕的事情，需要学校、家庭和社会三者的紧密配合和共同努力，但最关键的是我们同学每个人都应保持清醒头脑，提高辨别是非的能力，避免陷入危险的误区。

误区18：考试作弊很正常

误区描述：作弊很正常，只要不被抓住就好。

分析与纠正：目前，学生考试作弊现象时有发生，且作弊技巧越来越高，花样也越来越多。有用手帕裹着答案的，有将准备好的卡片缝贴在外套里的，女生则将卡片缝贴在裙子里，或干脆将答案写在腿上，令监考的男教师束手无策。还有通过手势语合伙作弊的……作弊现象，使一些平时学习认真刻苦，不会作弊或根本就不想作弊的学生深为不满和苦恼，因为，他们所付出的努力没有得到公正的评价，那些平时不用功或善于作弊的人却取得了好成绩，甚至当了三好生。那么，怎样看待作弊现象呢？

我们首先分析一下作弊的原因，作弊的原因大致有3种：①平时学习不努力，怕考不及格，或担心父母责骂而作弊；②平时在班上就是上等生或优等生，为了保持自己在班上的地位和名列前茅的成绩而作弊；③看到别人作弊，又没有被老师发现，觉得不作白不作，故而作弊。

现在的作弊现象很普遍，不过普遍并不意味着理所当然。首先作弊是对自己的不尊重，同时也对其他真正用心付出过的人很不公平。可能会伤害了同学。因为考试作弊，你没有与同学付出同样艰辛的努力却取得了良好的成绩，在班级形成了一种不公平的竞争的氛围；在重要的考试中，作弊者不仅仅是自己取得了不该得到的名次和证书或利益，而是直接将另一些考生推向了悬崖；对于主动帮人作弊者，无法有效地考出自己应有的成绩；对于被动帮人作弊者，因为本身就是不情愿或被逼的，就根本无法发挥自己的水平了。

作弊者可能偶尔会一时得逞，给作弊者极大的精神和物质上的鼓励，进而更加激励和坚定这一人群将作弊进行到底的信仰和决心。但这绝不会是长久之计，这个时代可能会给投机取巧一些生存的缝隙和机会，却不会让他们永远无穷尽地占领别人的劳动成果为自己谋取私利。剽窃的人唯一的作用就是复制，也只是复制而已。

其次，作弊伤害、欺骗了老师。考试除了检查学生对知识的掌握情况外，还是检查教学质量，衡量教学水平，促进教学改革的重要环节。通过考试促使学生改进学习方法，提高学习效率；促进教师改进教学方法，提高教学效果。考试成绩是目前衡量教学质量的最常用最重要的指标，它通过对学生知识、技能、态度的测试，评价学生是否达到教育目标的一种手段。虚假的分数会危害学生学习的积极性，妨碍学校教学研究和教学改革的顺利进行。因为考试作弊，老师不知道学生的真实成绩，失去了教学的有效性。

另外，作弊有损于学生的心理健康。作弊前，多数作弊者常有强烈的心理矛盾冲突，如：这次考试究竟作弊不作弊？作弊可以取得好分数，但被老师发现怎么办？等等，类似问题经常在脑中出现，常处于一种恐慌状态。

作弊过程中，大多数作弊者身心处于极度紧张状态，他们想作弊，又想不被老师发现，所以，常出现一些反常的动作或表现，如：常抬头看看老师，又怕与老师的目光接触，当老师也同时注意他时，便会立刻低下头来，有些学生尽量想表现出若无其事的样子，但又心神不安。当老师走近时，便立刻心跳加快，甚至血压升高。

心理学家研究发现，紧张的情绪变化会给人带来一系列内在的生理变化。有人说：说谎有损心理，那么，作弊更不例外。也许有人会说不管作弊时如何紧张，只要分数上去了就是值得的。其实，也不尽然。因为作弊者在作弊后也常会有强烈的自责感。表现在，他们常常为作弊找出很多借口来安慰自己，尽量将自己的作弊行为合理化，以取得一种心理平衡，但当为自己找的理由不能合理化时，便产生强烈的自责与内疚，使其身心受到损伤，严重的造成精神上的折磨。

心态篇

误区 1：心里有气就发出来

误区描述：生闷气伤身体，心里有气就发出来。

分析与纠正：美国研究应激反应的专家理查德·卡尔森说："我们的恼怒有80%是自己造成的。"这位加利福尼亚人在时论会上教人们如何不生气，他把防止激动的方法归结为这样的话："请冷静下来！要承认生活是不公正的。任何人都不是完美的，任何事情都不会按计划进行。"

应激反应这个词从50年代起才被医务人员用来说明身体和精神对极端刺激（噪音，时间压力和冲突）的防卫反应。

现在研究人员知道，应激反应是在头脑中产生的。在即使是非常轻微的恼怒情绪中，大脑也会命令分泌出更多的应激激素。这时呼吸道扩张，使大脑、心脏和肌肉系统吸入更多的氧气，血管扩大，心跳加快，血糖水平升高。

埃森医学心理学研究所所长曼弗雷德·舍德洛夫斯基说："短时间的应激反应是无害的。"他还说，"使人受到压力是长时间的应激反应。"他的研究所的调查结果表明：61%的德国人感到工作不能胜任；有30%的人因为觉得不能处理好工作和家庭的关系而有压力；20%的人抱怨同上级关系紧张；16%的人说在路途中精神紧张。

理查德·卡尔森的一条黄金规则是："不要让小事情牵着鼻子走。"他说，"要冷静，要理解别人。"他的建议是：表示感激之情，别人会感觉到

高兴，你的自我感觉会更好。

学会倾听别人的意见，不仅会使你的生活更加有意思，而且别人也会更喜欢你；每天至少对一个人说你为什么赏识他。不要试图把一切都弄得滴水不漏，只要找，总是能找到缺点的。这样找缺点，不仅会使你生气，也会使别人生气；不要顽固地坚持自己的权力，这会毫无意义地花费许多精力。

不要老是纠正别人，常给陌生人一个微笑，不要打断别人的讲话，不要让别人为你的不顺利负责。要接受事情不成功的事实，天不会因此而塌下来；请忘记事事都必须完美的想法，你自己也不是完美的。这样生活会轻松许多。

当你抑制不住自己生气时，你要问自己：一年后生气的理由是否还那么重要？这会使你对许多事情得出正确的看法。

误区 2：信念是个忽悠人的玩意

误区描述：很多所谓的信念都是忽悠人的，不必当真。

分析与纠正：有一位母亲失去了她唯一的孩子——一个美丽而活泼的14 岁女孩，这孩子给每一位认识她的人都带来欢笑和鼓舞。这位母亲为了消除因这种损失所造成的悲伤，培养了一种崇高的信念，并投身于伟大的事业之中。今天，她和美国千千万万的妇女在一起，正在努力使这个世界成为更美好的世界。这位妇女为了让人们与她一起分享那种帮助她产生崇高信念的东西，写出了下面一段文字：

"失去爱子的痛苦绝不会远离我的心田。她是在挚爱中受孕的，以挚爱培育起来的，她是我们的整个未来和一切希望。全能之神从我们手中夺去了我们这唯一的孩子，我们的损失无法估量，未来光明的前景变得暗淡了，因为我们的生命之灯已经熄灭，我们的生活变得空泛无味，所有甜蜜的东西都变得苦涩了。

"我丈夫和我的反应同每一个失去亲人者的反应完全一样，笼罩在我们心头的是那个永远得不到回答的问题——为什么?! 我的丈夫退休了，为了排遣心中的痛苦，我们卖掉了房子，到处旅行。但是，当我们面对严峻的现实，不能逃离悲伤和痛苦的记忆时，我们才明白。慢慢地，极其慢地，我们认识到损失并不是我们独有的。

"我们寻找过安慰，但毫无所获，因为我们的动机是以自我为中心的。花费了几个月的时间，我才开始接受这个事实，我们的欢乐、健康和安全都是全能之神带来的祝福，这些无限仁爱中的每一种，就其真正的意义和失不可得的可贵价值说来，都应当受到珍爱。

"全能之神虽然夺去了我最亲爱的孩子，但作为补偿，他也给了我一种仁爱之情……我经常在社会工作中寻求适当的位置，我相信社会工作终将给我一个机会，使我为人类留下一小笔遗产，以代替我可爱的女儿。

"现在，我最热烈的愿望就是：所有受到丧失亲人之苦的人们，能在帮助他人中找到慰藉和宁静。"

今天，这位极善良的母亲在崇高的信念中找到了慰藉和宁静。

如果一个人能够拿出他自己的一部分东西去帮助他人，全国——实际上全世界——都能受到他的崇高信念的影响。

奥里生·斯威特·马登就是这样的人。靠他的帮助，一些人的消极态度变成了积极态度。

马登在 7 岁时就成了孤儿，这时他不得不自己去寻找住房和饮食。早年他读了苏格兰作家斯迈尔斯的《自助》一书。斯迈尔斯像马登一样，在孩提时代就成了孤儿，但是，他找到了成功的秘诀。《自助》一书中的思想种子在马登的心中形成了炽烈的愿望，后来又发展成崇高的信念，使他的世界变成了一个更美好的世界。

在 1893 年经济大恐慌之前的经济繁荣时期，马登开了四个旅馆。他把这四个旅馆都委托给别人经营，而他自己则花许多时间用于写书。实际上，他要写一本能激励美国青年的书，正如同《自助》过去激励了他一样。正当他勤奋地写作时，令人啼笑皆非的命运捉弄了他，也考验了他的勇气。

马登把他的书叫做《向前线挺进》。他采用的座右铭是："要把每一时刻都当做重大的时刻，因为谁也说不准何时命运会检验你的品德，把你置于一个更重要的地方去！"

就在这个时候，命运开始检验他的品德了，要把他安排到一个更重要

的地方去。

1893 年，经济大恐慌袭来了。马登的两个旅馆被大火烧得精光，即将完成的手稿也在这场大火中化为灰烬。他的有形资产都付诸东流了。

但是马登具有积极的心态。他审视周围，看看国家和他本人究竟发生了什么事。他的第一个结论是：经济恐慌是由恐惧引起的，诸如恐惧美元贬值、恐惧破产、恐惧股票的价格下跌、恐惧工业的不稳定等。这些恐惧致使股票市场崩溃，567 家银行和贷款信托公司以及 156 家铁路公司都破产了。失业影响了数以百万计的人们，而干旱和炎热，又使得农作物欠收。

马登看着周围物质上的和人们心灵上的废墟，觉得有必要来激励他的国家和人民。有人建议他自己管理其他两个旅馆，他否决了。占据他身心的是一种崇高的信念，马登把这种信念同积极的心态结合在一起，又着手写那本书，他新的座右铭是一句自我激励的语句："每个时机都是重大的时机。"

他告诉朋友们说："如果有一个时期美国很需要积极心态的帮助，那就是现在。"

他在一个马厩里工作，只靠 1.5 美元来维持每周的生活。他夜以继日地工作，终于在 1893 年完成了初版的《向前线挺进》。

这本书立即受到了热烈的欢迎，它被公立学校作为教科书和补充读本，它在商店的职工中广泛传播，它被著名的教育家、政治家以及牧师、商人和销售经理推荐为激励人们采取积极心态之最有力的读物。它以 25 种不同的文字同时印刷发行，销售最高达数百万册。

马登和我们一样，相信人的品质是取得成功和保持成果的基石，并认为达到了真正完满无缺的品质本身就是成功。他指出了成功的秘密，但是他反对追逐金钱和过分贪婪，他指出有比谋生重要千倍的东西，那就是追求崇高的生活理想。

马登阐明了为什么有些人即使已成为百万富翁，但仍然是彻底的失败者，那些为了金钱而牺牲家庭、荣誉、健康的人，一生都是失败者，不管他们可以敛聚多少钱财。他又教导说，一个人即使没有成为总统或百万富翁，也可以是一个成功者。

也许马登最伟大的成就就是使人们认识到，如果他们仅仅应用他们的孩子所具有的那些美德，他们就可以取得成功。

《向前线挺进》有助于全体人民把消极的态度改变为积极的态度，这也许完全可以作为对马登的报酬，何况全世界都受到了他的那种影响。

崇高的信念易树立目标；炽烈的愿望能产生动力，引起行动，这是取得伟大成就所绝对必要的。马登靠勇气和牺牲才把他的崇高理想变成了现实。

误区3：不要轻易承认错误

误区描述：不要轻易承认错误，那样让自己很没面子。

分析与纠正：在日常生活或工作中，我们常因疏忽而犯一些错误。人犯了错误往往有两种态度，一种是拒不认账；另一种是坦率地承认。

某些人认为，拒不认账的好处在于不为后果负责，就算要负责，也把相关的人都包括在内，谁也逃脱不了干系。这样，能推就推，能躲就躲，保住了面子，又避免了损失，这是从表面上看。实际上，你既然已经犯有错误，拒不认账的结果是弊大于利。

首先，你铸成的大错是尽人皆知的，你的抵赖只能让人觉得你太顽固。如果人证物证俱存，责任又逃避不了，你再抵赖也只是枉费心机。如果是鸡毛蒜皮的小错，那你就更不用顽固，顽固会造成你在同学心目中更坏的印象，真是得不偿失。你敢做不敢当的印象形成后，同学就不敢与你合作，怕你故伎重演。而且你一旦拒不认错，形成习惯，那还谈得上培养解决问题的能力吗？——你会认为自己"一贯正确"。

第二种态度是坦率地认错。承认错误，就有可能承担责任，独吞苦果。但在绝大多数情况下，别人都不会一棍子打死你的，既然你都认错了，还要怎样呢？况且认错本身就是替别人分担责任，主动取咎，别人再抓住你不放，显然也有损他的形象。

坦率认错有很多好处：①为自己树立敢做敢当的形象。承担责任，不推诿过失，老师放心，同学喜欢，认一个错又有什么大不了的呢？②要勇敢地面对错误，今后才能避免错误，从而及时提高自己的水平和能力，错

误成了上进的磨刀石。③你的坦率承认，虽然得到了老师的训斥，你无形中处在受难者的地位，而众人从心理上往往是同情受苦受难者的，你获得的是人心。你既然挨了训，老师再罚你，也不至于太狠。人毕竟都有同情心。

所以，人不怕犯错误，就怕犯了错误以后不认错、不改错。你坦率地承认，并想办法补救，并在今后的学习中加以改进，便会得到大家的认可和信任。

误区4：任意发泄你的不满情绪

误区描述：有了不满当然要抱怨，要发牢骚，把心中的郁闷发出了，才能保障心理健康。

分析与纠正：我们常常会看到这样一些人，他们总是对自己所处的环境不满意，由此产生了一系列苦恼。比如，一个学生没有考上理想的学校，心里觉得十分自卑，天天想着自己比不上别人。于是烦得要命，书也念不下去。这样一天天心不在焉地混，成绩越来越坏，几乎要留级了，心里又加上一份紧张，这紧张加上以前的烦恼，使他更加懊恼不安。

同样的，也有人对自己目前的成绩不满意。比不上别人，心里又是自卑，又是消沉。天天懒洋洋的，做什么也打不起精神来。于是学习常常出错，大家也觉得他没出息。这样，他就越来越孤独，越来越远离快乐和成功。

其实，旁观者清。一个人对自己目前的环境不满意，唯一的办法就是让自己战胜这个环境。比如行路，当你不得不走过一段险阻狭窄的路段时，唯一的办法就是打起精神，克服苦难，战胜险阻，把这段路走过去，而绝不是停在途中抱怨，或索性坐在那里打盹，听天由命。

所以，置身不如意环境的人们，不但不应消沉停顿，反而要拿出加倍积极乐观的态度来面对眼前的环境，使时光不至白白浪费。

在不理想学校读书的学生，你与其厌烦这所学校，懒得用功，怕见以前的同学，不如喜欢这学校，努力进取，把自己以前所荒废了的学业重拾起来，你在这个学校一样可以有好成绩。或因功课好，再找机会考进好的学校。

奉劝置身不如意环境中的朋友，停止抱怨，开始面对现实，把握机会充实自己。一个肯努力上进的人，在任何环境里都用不着自卑。换句话说，一个不肯积极进取、浪费光阴的人，本身就是一种耻辱。

不要对自己目前的东西抱怨或不满。它们可能是贫乏的、不好的，但既然没有办法可以弄到更好的，你就只好迁就你既有的一切，从中去发现出路和希望。不重视现在，就不会有可以期待的未来。

误区5：人人都有嫉妒心

误区描述：妒忌是一种正常心理，人人都有，只是有人强有人弱，有人表现出来，有人藏在心里而已。

分析与纠正：弗朗西斯·培根说过："犹如毁掉麦子一样，嫉妒这恶魔总是在暗地里，悄悄地毁掉人间美好的东西！"

何谓嫉妒呢？心理学家认为，嫉妒是由于别人胜过自己而引起情绪的负性体验，是心胸狭窄的共同心理。黑格尔说："嫉妒乃平庸的情调对于卓越才能的反感。"

嫉妒不是天生的，而是后天获得的，嫉妒有三个心理活动阶段：嫉羡、嫉优、嫉恨。这三个阶段都有嫉妒的成分，而且是从少到多，嫉羡中羡慕为主，嫉妒为辅；嫉优中嫉妒的成分增多，已经到了怕别人威胁自己的地步了；嫉恨则把嫉妒之火已熊熊燃烧到了难以消除的地步。这把嫉恨之火，没有燃向别人，而是炙烤着自己的心，使自己没有片刻宁静，于是便绞尽脑汁去想方设法诋毁别人。这就使他形神两亏了。嫉妒实质上是用别人的成绩进行自我折磨，别人并不因此有何逊色，自己却因此痛苦不堪，有的甚至采用极端行为走向犯罪深渊。据某公安部门调查，每年因嫉妒造成犯罪案件的占整个刑事案件的10%。近年来在一些高等学府里，因嫉妒而投毒、写匿名信的已屡见不鲜。

嫉妒心理是一种低级趣味，是人性中残存的动物性，许多动物的本性

是嫉妒，一只狼可以把抢猎物的同类咬死。在私有制的社会里，人们弱肉强食，尔虞我诈，使人保留动物式的嫉妒心理。所谓"木秀于林，风必摧之"。《三国演义》中的周瑜临死时对天长叹："既生瑜，何生亮"，就是有我没你的嫉妒加仇恨。

一些人之所以嫉妒别人，一个重要的原因是自己不求上进，又怕别人超过自己，似乎别人成功了就意味着自己失败，最好大家都成矮子才显出自己高大。于是，"事修而谤兴，德高而毁来""怠者不能修，而忌者畏人修""我不学好，你也别学好，我当穷光蛋，你也得喝凉水"。这是一种十分有害的腐蚀剂，这些人的骨子里充满了"怠"与"忌"，无论对己、对社会、对国家的发展都是十分有害的，正如荀子所说："士有妒友，则贤交不亲；君有妒臣，则贤人不至"。一个被嫉妒心支配的人，一定是胸无大志，目光短浅，不求上进的人；一个嫉妒成风的单位，一定是正气不旺，邪气盛行，先进不香，落后不臭。

嫉妒是腐蚀剂，是落后药，是剧毒品。

在著名的荷马史诗《伊利亚特》中，有一个关于苹果的故事。

那是在狄萨利亚的国王皮琉斯的结婚典礼上，几乎所有的女神都应邀来吃喜酒，只有一个女神阿利斯没被邀请。阿利斯大为恼怒，便在筵席上丢下一个金苹果，上面写着一行小字："送给最美丽的。"这一来，引起了轩然大波，有三位女神为了争夺这个苹果，引发了无穷的纠纷，终于演变为古希腊传说中为期十年的特洛伊战争。

一个苹果为何会有这么大的魔力，关键在于上面的一行小字。正是"最美丽的"这一称号，点燃了女神们心中的嫉妒之火，于是便不择手段地相互争战。

这当然只是一个神话故事，但它却像一面镜子似的反映了人类社会的现实。在我们同学年轻的心灵中，不也同样存在着嫉妒的毒素吗？有的同学在班上处处争强好胜，容不得别人超过自己。谁被老师表扬了，谁的分数比他好了，都会引起他的不快，令他变着法儿贬低人家，讽刺挖苦，冷嘲热讽，打击别人，抬高自己。有的同学甚至大言不惭地说："我这个人就是喜欢嫉妒！"

同学们，在我们中间，像这种具有嫉妒心理的同学还真不少哩。这种同学在班上处处争强好胜，把精力、心思都用在满足自己不健康的心理需要上，既害集体，又害自己。有人把嫉妒比作一支毒箭。要知道，这支箭不仅会射中别人，也会射中自己！

既然嫉妒是一种极端自私的不健康的心理表现，那么我们就该坚决克服它。问题在于，怎样才能有效地克服嫉妒心理，做一个光明磊落，宽容大度的好学生呢？

1. 要深刻认识嫉妒心理对自己的危害。处处嫉妒别人，不但容易伤害别人，而且也使自己失去同学，失去朋友，最终只会使自己处于孤立之地，令人讨厌。好嫉妒别人的同学，总是把主要精力用于打听、干扰、打击比自己强的人身上，无心勤学苦练。这样做，最受影响的，其实还是自己的学业。

2. 要明白每个人都不可能事事胜于别人，不要老是要"居人之上"心头才舒服。当自己内心对比自己强的人产生嫉妒时，要提醒自己："比自己强的人是自己的榜样，我要追赶他，超过他，但不嫉妒他！"要既积极进取又不嫉妒别人，做事光明磊落，不搞小动作。比方说，在长跑中，有人跑在前，取得了成功，而你"栽"了，失败了。这时你就要告诫自己："今天他领先了，证明自己还有不如人的地方。以后我要加劲训练，下次领先的就是我。"并且衷心地向胜利者祝贺，公开坦诚地表示赶上他。

3. 要正确认识自己。很多同学的嫉妒常常是从拿自己和别人比较开始的。正因为没有正确认识自己，所以常常便以自己的优点比别人的缺点，以自己的成绩比别人的不足，越比越不服气，这不是实事求是的态度。我们应当对自己有个恰当的估价，学会取人之长补己之短，与同学们共同进步，共同提高。

同学们，大家渴望在学习上不断进步，希望自己能名列前茅，这是良好的愿望，也是容易理解的。但驱使自己前进的动力应是一颗进取心而不是嫉妒心。有嫉妒心的同学如果能够正确地以进取心取而代之，与同学真诚相处，互相帮助，你追我赶，那才会取得真正的进步！

有嫉妒心的人如果不猛醒，前途不会美妙。如果想调适自我，把嫉妒变成竞争的动力，首先要把注意力调节到自身的优势和对方的劣势上。当你嫉妒别人时，总是因为他在某些方面的优势深深地刺激了你，而你自己

在这方面又恰恰处于劣势，这一差异正是产生嫉妒的刺激源。与此同时，你却忽略了自己在另一方面的优势。如果你能有意识地调节自己的注意重心，便会使原先失衡的心理获得一种新的平衡，这种平衡无疑会稳定你的情绪。

把嫉妒的心劲用到追赶别人上，这样形成你追我赶的风气，对个人和国家才有希望。

当人们受到他人嫉妒时，往往是憎恶对方的情绪上升，从而使人际交往受阻，如何消除这种心理呢？一个办法是让对方得到一种心理补偿，以减弱他的嫉妒感，如把一些出风头的机会让给对方去干。也许有人会问：这样岂不是助长了他想压倒一切的欲望吗？要知道，嫉妒的人想的就是一切都要占上风。第二个办法是把嫉妒引向正当手段的竞争，教给对方竞争的一些方法，让他有信心能超过别人。

误区6：嫉妒心理无须化解

误区描述：妒忌可以激发你奋斗的力量，努力去超过对方，何须化解？只需把妒忌引导到正确的方向上就可以了。

分析与纠正：嫉妒是一种难以公开的阴暗心理，它常对人们造成一种严重的心理危害。日常生活和社会交往中，嫉妒心理常发生在一些与自己旗鼓相当、能够形成竞争的人身上。比如：对方的一篇论文获奖，人们都去称赞和表示祝贺，自己却木呆呆坐在那里一言不发。由于心存芥蒂，事后也许或就这篇论文，或就对方其他事情的"破绽"大大攻击一番。对方再如法炮制，以牙还牙。如此恶性循环，必然影响双方的事业发展和身心健康。

所以，要克服嫉妒心理要先想后果，认清危害性。

其次，如果被嫉妒心理困扰，难以解脱，一定要控制自己，不做伤害对方的过激行为。然后不妨用转移的方法，将自己投入到一件既感兴趣又繁忙的事情中去。

学习及社交中嫉妒心理往往发生在双方及多方，因此注意自己的性格修养，尊重并乐于帮助他人，尤其是自己的对手。这样不但可以克服自己的嫉妒心理，而且可使自己免受或少受嫉妒的伤害，同时还可以取得学业上的成功，又能感受到生活的愉悦，何乐而不为呢？

有意识地提高自己的思想修养水平，是消除和化解嫉妒心理的直接对策。

伯特兰·罗索是 20 世纪声誉卓著、影响深远的思想家之一，1950 年诺贝尔文学奖获得者。他在其《快乐哲学》一书中谈到嫉妒时说："嫉妒尽管是一种罪恶，它的作用尽管可怕，但并非完全是一个恶魔。它的一部分是一种英雄式的痛苦的表现；人们在黑夜里盲目地摸索，也许走向一个更好的归宿，也许只是走向死亡与毁灭。要摆脱这种绝望，寻找康庄大道，文明人必须像他已经扩展了他的大脑一样，扩展他的心胸。他必须学会超越自我，在超越自我的过程中，学得像宇宙万物那样逍遥自在。"化解嫉妒心理的良方有以下五点。

1. 胸怀大度，宽厚待人

19 世纪初，肖邦从波兰流亡到巴黎。当时匈牙利钢琴家李斯特已蜚声乐坛，而肖邦还是一个默默无闻的小人物。然而李斯特对肖邦的才华却深为赞赏。怎样才能使肖邦在观众面前赢得声誉呢？李斯特想了个妙法：那时在演奏钢琴时，往往要把剧场的灯熄灭，一片黑暗，以便使观众能够聚精会神地听演奏。李斯特坐在钢琴面前，当灯一灭，就悄悄地让肖邦过来代替自己演奏，观众被美妙的钢琴演奏征服了。演奏完毕，灯亮了。人们既为出现了这位钢琴演奏的新星而高兴，又对李斯特推荐新秀深表钦佩。

2. 自知之明，客观评价自己

当嫉妒心理萌发时，或是有一定表现时，能够积极主动地调整自己的意识和行动，从而控制自己的动机和感情。这就需要冷静地分析自己的想法和行为，同时客观地评价一下自己，从而找出一定的差距和问题。当认清了自己后，再评价别人，自然也就能够有所觉悟了。

3. 快乐可以治疗嫉妒

要善于从生活中寻找快乐，正像嫉妒者随时随处为自己寻找痛苦一样。如果一个人总是想：比起别人可能得到的快乐来，我的那一点快乐算得了

什么呢？那么他就会永远陷于痛苦之中，陷于嫉妒之中。快乐是一种情绪心理，嫉妒也是一种情绪心理。何种情绪心理占据主导地位，主要靠人来调整。

4. 少一分虚荣就少一分嫉妒心

虚荣心是一种扭曲了的自尊心。自尊心追求的是真实的荣誉，而虚荣心追求的是虚假的荣誉。对于嫉妒心理来说，它要面子，不愿意别人超过自己，以贬低别人来抬高自己，正是一种虚荣，一种空虚心理的需要。单纯的虚荣心与嫉妒心理相比，还是比较好克服的。而两者又紧密相连，相依为命。所以克服一分虚荣心就能少一分嫉妒。

5. 学会宣泄不良情绪

自我抑制，是治疗嫉妒心理的苦药，自我宣泄，是治疗嫉妒心理的特效药。

嫉妒心理也是一种痛苦的心理，当还没有发展到严重程度时，用各种感情的宣泄来舒缓一下是相当必要的。

在这种发泄还仅仅是处于出气解恨阶段时，最好能找一个较知心的朋友或亲友，痛痛快快地说个够，暂求心理的平衡，然后由亲友适时地进行一番开导。虽不能从根本上克服嫉妒心理，但却能中断这种发泄性朝着更深的程度发展。如有一定的爱好，则可借助各种业余爱好来宣泄和疏导。如唱歌、跳舞、书画、下棋、旅游等等。

不过，嫉妒是人的天性。自古以来，有不少关于嫉妒的记载与描述。在古希腊、罗马的神话中，男性的和女性的神或英雄多有嫉妒的品性。在男子占统治地位的社会里，人们往往把嫉妒看成女人的特有心理特征，在汉字里，"嫉妒"二字皆用"女"字作偏旁，也是一证。

我国明代人谢肇淛写过一部笔记小说，叫做《五杂俎》，其中汇集了从古代到明代包括皇后和民女在内的上百个以嫉妒闻名的女性。公元 5 世纪时，南朝宋明帝刘彧为惩治妒妇，曾命人写过一本《妒妇记》。莎士比亚的《驯悍记》，也着重描绘了女性的嫉妒。

其实，嫉妒并不限于女性，男性也嫉妒。很喜爱艺术的古罗马皇帝埃追安（亦译阿提安）就非常妒恨诗人、画家与巧匠，因为这些人在艺术方面超过了他。中国古代惠施当了宰相后也嫉妒在才学上超过他的庄子。

嫉妒犹如醋，是人生的调味品，有一点适宜的嫉妒并不坏。嫉妒而不失去理性，则可以由不安、痛苦和怨恨转化为危机感、紧迫感、好胜心、上进心和忧患意识，催人奋起直追，激人取长补短。

误区7：猜疑是正常心理

误区描述：有疑问，就会有猜想；有愿望，就会有设想。猜和疑是正常的心理活动，只是要把它用在正确的事情上就好。

分析与纠正：想想看，我们人际之间常有的争执、吵闹、误会乃至过去很多的冤假错案，哪件事情不与猜疑有关呢？

在我们的传统文化里就有很多关于猜疑的教诲，如："疑人偷斧""人心隔肚皮""知人知面不知心""害人之心不可有，防人之心不可无"等等。

再让我们看看，在生活中如果两个小孩在外面打架，中国的母亲很可能指着对方质问："你为什么打我的孩子？"而外国母亲则可能说："怎么？你们不友好了？"

可见不同文化熏陶下的两位母亲，会说出两种不同的话。也可见，猜疑对我们每个中国人影响之大，如果我们的"理解万岁"是建立在猜疑基础之上的，永远不可能理解，何谈万岁。因为我们每个人从小都接受了猜疑的教育和影响，可以说人人都有猜疑之心。

要摒弃猜疑，必须对猜疑有深恶痛绝的认识。什么是猜疑呢？

猜疑是基于一种对他人不信任的、不符合事实的主观想象，是人际交往过程中的拦路虎。具有猜疑心理的人与别人交往时，往往抓住一些不能反映本质的现象，发挥自己的主观想象进行猜疑而产生对别人的误解，或者在交往之前对某人有某种印象，在交往之中就处处用这种成见效应与对方接触，对方一有举动，就对原有成见加以印证。虽然猜疑心理有种种表现，但我们可以发现其共同的特征，即没有事实根据，单凭自己主观的想象；抓住"毛皮"，忽略本质，片面推测；不怀疑自己的判断，只是相信自己，怀疑他人，挑剔他人。具有猜疑心理的人把自己置于一种苦恼的心态中，对别人采取不信任的态度，严重的甚至对自己的感觉也产生怀疑。

猜疑心理往往导致心理偏执。这种人常常敏感固执、谨小慎微，事事要求十全十美。这样不仅危害自己，也危害他人。

因猜疑造成的人间悲剧，在我国可以说是举不胜举，从古至今，从宫廷争斗到民间小事，猜疑这个罪魁祸首制造了多少血淋淋的悲剧，它给我们个人、国家和民族带来了多么大的精神折磨和财产的损失呀！它给人的伤害可以让人心力交瘁乃至精神失常。

我们必须认识到，猜疑流淌在我们每个人的血管里，如果我们不采取解毒的手段，它的后果就会像毒品一样，我们哪里还有精力去搞发展呢？猜疑是"窝里斗"的祸根，猜疑是化敌为友的障眼帘，猜疑是造成自杀和他杀的毒品！

猜疑的人往往目光短浅，没有远大的目标，没有真诚善良的心。欲调适自己的心态和与猜疑者相处的办法有以下几种。

1. 培育爱心，从对小动物的爱到对人的爱。

2. 培育宽容的心理品质。宽容就是承认差异，降低对别人的要求。能够宽容别人是坦诚与人相处的首要条件，因为宽容是深思熟虑的素养，是内心深处去除荆棘的法宝。

所以不管是调适自己，或对待猜疑的朋友，调整思维方法都是极其重要的。

误区8：怨恨也是七情之一

误区描述：人人都有七情六欲，爱恨情仇，喜怒哀乐，怨恨也是其中之一，实属正常心理。

分析与纠正：一个失败型个性的人，在寻找失败的借口和原因时，往往会责备社会、制度、人生、运气。对于别人的成功与幸福，总是愤愤不平，因为他认为，这些都足以说明生活使他受到不公平的待遇。愤愤不平是企图用所谓不公正、不公平等现象来为自己的失败辩护，使自己感到好过一些。可是实际上，作为对失败者的安慰，怨恨是非常不可取的办法，比生病还糟。

怨恨是精神的烈性毒药，它使快乐不能产生，并且使成功的力量逐渐消耗殆尽，最后形成恶性循环，自己并没有多大本领而又非常怨恨别人的人，几乎不可能和同学很好相处。同学由此对他的不尊重，会使他加倍地感到愤愤不平。

怨恨是使自己觉得自己重要的一种方法。很多人以"别人对不起我"的感觉来达到异常的满足。从道德上来说，不公正的受害者和那些受到不公正待遇的人，似乎比那些造成不公正的人要高明。

心怀怨恨的人，是想在人生的法庭上证明他的公正，如果他有怨恨之感就证明生活对他不公平，而有一些神奇的力量将会澄清那些使他产生怨恨的事情，使他得到补偿。从这个意义上来说，怨恨是对已发生之事的一种心理反抗或排斥。

怨恨的结果是塑造劣等的自我意象。就算怨恨的是真正的不公正与错误，也不是解决问题的好方法，因为它很快就会转变成一种习惯情绪。一个人习惯于觉得自己是不公平的受害者时，就会定位于受害者的角色上，并可能随时寻找外在借口，即使对最无心的话、在最不确定的情况中，他也能很轻易地看到不公平的证据。

习惯性的怨恨一定会带来自怜，而自怜又是很坏的情绪习惯。这个习惯已根深蒂固，如果离开了这个习惯，就会觉得不对劲、不自然，而必须开始去寻找新的不公正的证据。有人说这类人只有在苦恼中才会感到适应，这种怨恨和自怜的情绪习惯，会把自己想象成一个不快乐的可怜虫或者牺牲者。

产生怨恨的真正原因是自己的情绪反应。因此，只有自己才有力量克服它，如果你能理解并且深信：怨恨与自怜不是使人成功与幸福的方法，你便可以控制住这种习惯。

一个人有怨恨之心，他就不可能把自己想象成自立、自强的人，他就不可能成为自己灵魂的船长、命运的主人。怨恨的人把自己的命运交给别人，把自己的感受和行动交给别人支配，他像乞丐一样依赖别人。若是有人给他快乐，他也会觉得怨恨，因为对方不是照他希望的方式给的；若是有人永远感激他，而且这种感激是出于欣赏他或承认他的价值，他还会觉得怨恨，因为别人欠他的这些感激的债并没有完全偿还；若是生活不如意，他更会觉得怨恨，因为他觉得生活欠他的太多。

误区9：绝不吃亏

误区描述：对你说"吃亏是福"的人，一定是想占你便宜。

分析与纠正：聪明的人能从吃亏中学到智慧，悟透人生。在中国传统思想中，有"吃亏是福"一说。这是中国哲人所总结出来的一种人生观——它包括了愚笨者的智慧、柔弱者的力量，领略了生命含义的旷达和由吃亏退隐而带来的安稳与宁静。与这样貌似消极的哲学相比，一切所谓积极的哲学都会显得幼稚与不够稳重、不够圆熟。

"吃亏是福"的信奉者，同时也一定是一个和平主义的信仰者。林语堂在《生活的艺术》中对所谓"和平主义者"这样写道："中国和平主义的根源，就是能忍耐暂时的失败，静待时机，相信在万物的体系中，在大自然动力和反动力的规律运行之上，没有一个人能永远占着便宜，也没有一个人永远做'傻子'。"

大智者，常常是若愚的。而且，唯有其"若愚"，才显其"大智"本色。其中的"若"这个字在这里很重要，是"像"的意思，而不是"是"的意义。以下是唐代的寒山与拾得（他们二人实际上是一种开启人的解脱智慧的象征）二人的对话。

一日，寒山谓拾得："今有人侮我、笑我、藐视我、毁我伤我、嫌恶恨我、诡谲欺我，则奈何？"拾得曰："子但忍受之，依他、让他、敬他、避他、苦苦耐他、不要理他。且过几年，你再看他。"

那个高傲不可一世的人的结局就可想而知了，而我们也一定可以想象得出寒山胜利的微笑——尽管这可能是一种超脱圆滑者的微笑。不过，它的确会给我们的生活带来一些好处。

"扑满"，就是我们常常说的用瓷或泥做的储蓄盒。在小时候，我们常将父母给的一些零用钱放进去，当这个储蓄盒满的时候，我们就将这储蓄盒打破，将其中的钱取出来。然而，当它是空的时候，它却可以保全它的自身。

如果我们知道福祸常常是并行不悖的，而且福尽则祸亦至，而祸退则福亦来的道理，那么，我们就真的应采取"愚"、"让"、"怯"、"谦"这样的态度来避祸趋福。所以，像"愚"，"让"、"怯"、"谦"这样道气十足的话，即使不是出于孔子之口，也必定是哲人之青，也是中国传统思想中的一部分。

"吃亏"也许是指物质上的损失，但是一个人的幸福与否，却往往取决于他的心境。如果我们用外在的东西，换来了心灵上的平和，那无疑是获得了人生的幸福，这便是值得的。

若一个人处处不肯吃亏，则处处必想占便宜，于是，妄想日生，骄心日盛。而一个人一旦有了骄狂的态势，肯定会侵害别人的利益，于是便起纷争，在四面楚歌之下，又焉有不败之理？

因此，人很难做到的，即"吃亏是福"的前提，一个是"知足"，另一个就是"安分"。"知足"则会对一切都感到满意，对所得到的一切，内心充满感激之情；"安分"则使人从来不奢望那些根本就不可能得到的或根本就不存在的东西。没有妄想，也就不会有邪念。所以，表面上看来"吃亏是福"以及"知足"、"安分"会予人以不思进取之嫌，但是，这些思想也是在教导人们能成为对自己有清醒认识的人，做一个清醒正常的人。因为，一个非常明白的事实——即不需要任何理论就可以证明的是，一切的祸患，不都是在于人的"不知足"与"不安分"，或者说是不肯吃亏上吗？

人们总是相信一切都能通过自己的努力而得到改变，但也有些人认为，人的一切努力都是徒劳的，这两种不同的思想放在一起，就产生出中国传统思想中一种不朽的东西，即宁肯吃一些亏，以换来非常难得的和平与安全。而在和平与安全时期之内，我们可以重新调整我们的生命，并使它再度放射出绚丽的光芒。

即使在西方，也有这样一种凡事皆不可过贪的思想。因此，希腊神话总是充满寓意的。伊卡罗斯借助装在身上的蜡翼飞得很高，但是在接近太阳时，炽热的阳光烤化了翅膀，他也坠海而死。而他的父亲却飞得很低，安全抵家。一个人往往会随年龄之变化，思想更为成熟，同时也会更多地减少人生中的错误。

误区10：在乎的事情绝对要计较

误区描述：所谓不计较，其实就是不在乎而已，在乎的事情肯定计较，无人例外。

分析与纠正：宽容是人生的一种智慧，是建立良好人际关系的法宝。

曾读过这样一篇文章：一位画家在集市上卖画，不远处，前呼后拥地走来一位大臣的孩子，这位大臣在年轻时曾经把这位画家的父亲欺诈得心碎而死。这孩子在画家的作品前流连忘返，并且选中了一幅，画家却匆匆地用一块布把它遮盖住，并声称这幅画不卖。

从此以后，这孩子因为心病而变得憔悴，最后，他父亲出面了，表示愿意付出一笔高价。可是，画家宁愿把这幅画挂在自己画室的墙上，也不愿意出售。他阴沉着脸坐在画前，自言自语地说："这就是我的报复。"

每天早晨，画家都要画一幅他信奉的神像，这是他表示信仰的唯一方式。

可是现在，他觉得这些神像与他以前画的神像日渐相异。这使他苦恼不已，他不停地找原因。然而有一天，他惊恐地丢下手中的画，跳了起来：他刚画好的神像的眼睛，竟然是那大臣的眼睛，而嘴唇也是那么的酷似。

他把画撕碎，并且高喊："我的报复已经回报到我的头上来了！"

这个故事告诉我们，一个人若心存报复，自己所受的伤害会比对方更大。报复会把一个好端端的人驱向疯狂的边缘，报复还能把无罪推向有罪，现在有很多的刑事案件就是因报复而引起的。

经心理学专家研究证实，报复心理非常有碍健康，高血压、心脏病、胃溃疡等疾病就是长期积怨和过度紧张造成的。有一位好莱坞的女演员，失恋后，怨恨和报复心使她的面容变得僵硬而多皱，她去找一位最有名的美容师为她美容。这位美容师深知她的心理状态，中肯地告诉她："你如果不消除心中的怨和恨，我敢说全世界任何美容师也无法美化你的容貌。"

哲人说，宽容和忍让的痛苦，能换来甜蜜的结果。这话千真万确。古时候有个叫陈嚣的人，与一个叫纪伯的人做邻居。有一天夜里，纪伯偷偷地把陈嚣家的篱笆拔起来，往后挪了挪。这事被陈嚣发现后，心想，你不就是想扩大点地盘吗，我满足你，他等纪伯走后，又把篱笆往后挪一丈。天亮后，纪伯发现自家的地又宽出了许多，知道是陈嚣在让他，他心中很惭愧，主动找上陈家，把多侵占的地统统还给了陈家。

《寓圃杂记》中记述了杨翥的两件小事。杨的邻人丢失了一只鸡，指骂被姓杨的偷去了。家人告知杨翥，杨说："又不只我一家姓杨，随他骂去。"又一邻居，每遇下雨天，便将自家院中的积水排放进杨翥家中，使杨家深受脏污潮湿之苦。家人告知杨翥，他却劝解家人："总是晴天干燥的时日多，落雨的日子少。"

久而久之，邻居们被杨翥的忍让所感动。后来，一伙贼人密谋欲抢杨家的财宝，邻人们得知后，主动组织起来帮杨家守夜防贼，使杨家免去了这场灾祸。

忍让和宽容说起来简单，可做起来并不容易。因为任何忍让和宽容都是要付出代价的，甚至是痛苦的代价。人的一生谁都会常常碰到个人的利益受到他人有意或无意侵害的情况。为了培养和锻炼良好的心理素质，你要勇于接受忍让和宽容的考验，即使无法控制感情时，也要管住自己的大脑，忍一忍，就能抵御急躁和鲁莽，控制冲动的行为。如果能像陈嚣、杨翥那样再寻找出一条平衡自己心理的理由，说服自己，那就能把忍让的痛苦化解，产生出宽容和大度来。

生活中有许多事当忍则忍，能让则让。忍让和宽容不是懦怯胆小，而是关怀体谅。忍让和宽容是给予，是奉献，是人生的一种智慧，是建立人与人之间良好关系的法宝。

误区 11：最要感谢的其实是自己

误区描述：人最欣赏的其实是自己，最感谢的还是自己。

分析与纠正：生命的整体是相互依存的，每一样东西都依赖其他一样东西。人自从有了自己的生命起，便沉浸在恩惠的海洋里。

传说，有个寺院的住持，给寺院里立下了一个特别的规矩：每到年底，

寺里的和尚都要面对住持说两个字。第一年年底，住持问新和尚心里最想说什么，新和尚说："床硬。"第二年年底，住持又问新和尚心里最想说什么，新和尚说："食劣。"第三年年底，新和尚没等住持提问，就说："告辞。"住持望着新和尚的背影自言自语地说："心中有魔，难成正果，可惜！可惜！"

住持说的"魔"，就是新和尚心里无尽的抱怨。这个新和尚只考虑自己要什么，却从来没想过别人给过他什么。像新和尚这样的人在现实生活中很多，他们这也看不惯，那也不如意，怨气冲天，牢骚满腹，总觉得别人欠他的，社会欠他的，从来感觉不到别人和社会对他的生活所做的一切一切。这种人心里只会产生抱怨，不会产生感恩。

两个行走在沙漠的旅人，已行走多日，在他们口渴难忍的时候，碰见一个吆骆驼的老人，老人给了他们每人半瓷碗水。两个人面对同样的半碗水，一个抱怨水太少，不足以消解他身体的饥渴，抱怨之下竟将半碗水泼掉了；另一个也知道这半碗水不能完全解除身体的饥渴，但他却拥有一种发自心底的感恩，并且怀着这份感恩的心情，喝下了这半碗水。结果，前者因为拒绝这半碗水死在沙漠之中，后者因为喝了这半碗水，终于走出了沙漠。

这个故事告诉人们，对生活怀有一颗感恩之心的人，即使遇上再大的灾难，也能熬过去。感恩者遇上祸，祸也能变成福，而那些常常抱怨生活的人，即使遇上了福，福也会变成祸。

另外，还有一个真实的故事，故事的主人公是贫困山区的一个女孩。她有幸考上重点大学，不幸的是父亲在她进校不久，遇上了车祸身亡，家中无力供她上学，在她准备退学回家时，社会送来了关怀，老师和同学也慷慨捐款捐物。她舍不得使用大家的赠物，将它们藏在箱子里。每天打开箱子看看这些赠物，就想到自己周围有那么多的关怀、爱心，心中就不由产生出一种感激之情。这种感激之情又驱使她去战胜困难，顽强拼搏。这个在物质上贫困的女孩，却变成一个精神的富有者。她心怀感恩，终于读完了大学，还以优异的成绩留学美国。她说："大家给的一切，是我的精神财富，永远留在我的心里。我要努力学好本领，回报祖国，回报父老乡亲。"人有了不忘感恩之情，就像这位女孩，生命会时时得到滋润，并时时闪烁纯净的光芒。

我们每个人都应该明白，生命的整体是相互依存的，世界上每一样东西都依赖其他一样东西。无论是父母的养育，师长的教诲，配偶的关爱，他人的服务，大自然的慷慨赐予……人自从有了自己的生命起，便沉浸在恩惠的海洋里。一个人真正明白了这个道理，就会感恩大自然的福佑，感恩父母的养育，感恩社会的安定，感恩食之香甜，感恩衣之温暖，感恩花草鱼虫，感恩苦难逆境，就连自己的敌人，也不忘感恩。

因为真正促使自己成功，使自己变得机智勇敢、豁达大度的，不是优裕和顺境，而是那些常常可以置自己于死地的打击、挫折和对立面。挪威著名的剧作家亨利·易卜生把自己对立面瑞典剧作家斯特林堡的画像放在桌子上，一边写作，一边看着画像，以此激励自己。易卜生说："他是我的死对头，但我不去伤害他，把他放在桌子上，让他看着我写作。"据说，易卜生在对立面目光的关注下，完成了《培尔·金特》《社会支柱》《玩偶之家》等世界戏剧文化中的经典之作。

有了感恩之心，人与人之间才会变得和谐、亲切，而这种感恩之心也会使我们变得愉快和健康。

误区 12：无须克服害羞感

误区描述：长大了，经历多了，脸皮自然就厚了。

分析与纠正：害羞，这是学生中普遍存在的一种现象。害羞的同学怕与陌生人接触，无法在众人面前流利表达自己的思想，需要求助的时候却怯于向同学启齿，遇到老师提问就脸红。害羞感令我们常常尴尬，极不自然，无法发挥我们的智慧和才能，因而严重损害了我们的风度和形象。

克服羞怯心理其实并不太难。有害羞表现的同学，不必把害羞当成包袱，因为害羞并不来自遗传，而是环境的产物，是完全可以战胜的。要自己相信自己，不要把自己的形象和表现想得那么糟，也不要因一两次不成功的经历便否定了自己的能力。谁都有失败的时候，谁都难免丢丑。然而，这些与我们的成功交际纪录相比，毕竟只占很小比例。为什么老是记住那

些令自己脸红的场合，而却忘记那些光彩的时刻呢？

要学一些社交技巧，练习语言表达能力，比如怎样和身份、年龄不同的陌生人打招呼。和别人交谈前，先做些准备，写出谈话提纲，慢慢过渡为只想不写。

要大胆实践，主动到人多的地方去锻炼自己的胆量，如当众大声朗读；遇到排队的人，大大方方地从排头走到排尾；当公共汽车从你面前开过时，从容地朝车厢里望望；买东西时，大方地要求选择或退换商品；穿自己喜欢的新衣服在街上走……锻炼胆量，特别是要培养说话的勇气。说话当然要想好再说，但临场时也不要过分地瞻前顾后，只要认为该这样说，就大胆地说出来。

多参加集体活动。在集体活动中，人与人接触频繁，而且内容和目标一致，这为交往提供了良好的条件。所以，热爱集体，积极参加集体活动，也是克服羞怯心理的重要途径。相信这么一来，你的形象将会大为改善，你将会变得越来越大方！

误区 13：身体好，心理就好

误区描述：身体好，心情就好，心理就会健康。

分析与纠正：人际交往是正常人生活中不可缺少的重要内容，也是保持人精神与心理健康的基本需要。正如英国著名学者培根所说："当你遭到挫折而感到愤懑抑郁的时候，向知心朋友的一席倾诉可以使你得到疏导，否则，这种压抑郁闷会使人致病。"人们通过交往，可以排解心中的苦闷、不悦，可以从对方的言谈中受到启迪，重新产生积极向上的情趣，从而导致心理上的重新平衡，产生信任感和安全感。

中学生有的来自各个不同的小学，有的来自各个不同的初中，他们告别了原来很熟悉的学校、老师和同学，来到一个新的较陌生的环境和群体中，他们需要有一个适应期。有的同学交际能力强，适应能力强，会很快与新的环境、新的群体相处融洽，保持心理平衡和健康，学习、生活很快会出现新的局面。也有的同学不善交际，适应能力也差，换了一个环境和群体往往会产生陌生、孤独、思念和忧虑的情绪；也有少数同学还会感到一种惆怅和抑郁，严重地影响学习和正常活动。这些同学特别需要交往，需要老师和同学的主动关心，使他们能尽快地排解心中的孤独与忧虑感，与整个群体融合在一起。学校、班级或团队适时地组织一些有意义的集体活动，给同学们提供相互间接触、交流的机会，创造一种团结、和谐的氛围，是非常必要和有益的。

另一方面，中学生在学习生活中会不同程度地遇到一些困难或挫折，或者某次考试成绩不好，或者遇到一次意外的打击，如果把这些不愉快的事闷在心里，就会感到苦闷、失望、紧张，时间一长，就会形成心理障碍。如果能及时地通过人际交往，向老师、同学一吐为快，并在老师、同学的帮助与启发下，能尽快地制定克服不利方面和因素的措施，就会很快地走出困境。

对中学生来说，积极的、健康的人际交往会使他们的精神生活丰富多彩，心理障碍能及时有效地得以消除；而孤僻、不合群、不注意人际交往的同学，往往对他们健康成长不利。

误区 14：遇到困难绕着走

误区描述：人的本性就是趋易避难，遇到困难绕开它就可以了，何必自寻烦恼。

分析与纠正：有位著名科学家说过：看似不可克服的困难，往往是新发现的预兆。

在克里米亚战争中，一枚炮弹破坏了一座花园般的城堡，却炸出了一个泉眼，汩汩清泉喷涌而出，这里后来成了著名的喷泉景区。挫折也是这样，它暂时破坏我们的心灵，却激发奋斗的泉水。

别人都已放弃，自己还在坚持；别人都已退却，自己仍然向前；看不见光明、希望却仍然孤独、坚韧地奋斗着，这才是成功者的素质。

爱迪生研究电灯时，工作难度出乎意料地大，1600 种材料被他制作成各种形状，用做灯丝，效果都不理想，要么寿命太短，要么成本太高，要

么太脆弱，工人难以把它装进灯泡。全世界都在等待他的成果，半年后人们失去耐心了，纽约《先驱报》说："爱迪生的失败现在已经完全证实，这个感情冲动的家伙从去年秋天就开始电灯研究，他以为这是一个完全新颖的问题，他自信已经获得别人没有想到的用电发光的办法，可是，纽约的著名电学家们都相信，爱迪生的路走错了。"

爱迪生不为所动。英国皇家邮政部的电机师普利斯在公开演讲中质疑爱迪生，他认为把电流分到千家万户，还用电表来计量是一种幻想。爱迪生继续摸索。人们还在用煤气灯照明，煤气公司竭力说服人们：爱迪生是个吹牛不上税的大骗子。就连很多正统的科学家都认为他在想入非非，有人说："不管爱迪生有多少电灯，只要有一只寿命超过 20 分钟，我情愿付 100 美元，有多少买多少。"有人说："这样的灯，即使弄出来，我们也点不起。"他毫不动摇。在投入这项研究一年后，他造出了能够持续照明 45 小时的电灯。

或许你往事不堪回首；或许你没有取得期望的成功；或许你失去至爱亲朋，失去企业，甚至住房；或许你因病不能工作，意外事故剥夺你行动的能力，然而，即使你面对这一切的不幸，你也不能屈服！

你或许会说，你经历过太多的失败，再努力也没有用，你几乎不可能取得成功。这意味着你还没有从失败的打击中站立起来，就又受到了打击。这简直毫无道理！

如果你是一位强者，如果你有足够的勇气和毅力，失败只会唤醒你的雄心，让你更强大。比彻说："失败让人们的骨骼更坚硬，肌肉更结实，变得不可战胜。"

杰出的鸟类学家奥杜邦在森林中刻苦工作了多年，精心制作了 200 多幅鸟类图谱，它们极具科学价值，但是度假归来后，他发现这些画都被老鼠糟蹋了。回忆起这段经历，他说："强烈的悲伤几乎穿透我的整个大脑，我连着几个星期都在发烧。"但当他身体和精神得到一定恢复后，他又拿起枪，背起背包，走进丛林，从头开始。

只要永不屈服，就不会失败。不管失败过多少次，不管时间早晚，成功总是可能的。对于一个没有失掉勇气、意志、自尊和自信的人来说，就不会有失败，他最终是一个胜利者。

我们都很熟悉卡莱尔在写作《法国革命史》时遭遇的不幸。他经过多年艰苦劳动完成了全部文稿，他把手稿交给最可靠的朋友米尔，希望得到一些中肯的意见。米尔在家里看稿子，中途有事离开，顺手把它放在了地板上。谁也没想到女仆把这当成废纸，用来生火了。

这呕心沥血的作品，在即将交付印刷厂之前，几乎全部变成了灰烬。卡莱尔听说后异常沮丧，因为他根本没留底稿，连笔记和草稿都被他扔掉了，这几乎是一个毁灭性的打击。但他没有绝望，他说："就当我把作业交给老师，老师让我重做，让我做得更好。"然后他重新查资料、记笔记，把这个庞大的作业又做了一遍。

对于一个真正的强者来说，失败根本不值一提。那仅仅是一个小小的插曲，是他事业中的一点小麻烦，并不重要。一个真正强者的头脑中根本不存在失败的概念。不管什么样的打击和失败降临，一个真正坚强的人都能够从容应对，做到临危不乱。当暴风雨来临，软弱的人屈服了，而真正坚强的人镇定自若，胸有成竹。

一个人除非学会清除前进路上的绊脚石，不惜一切代价去克服成功路上的障碍，否则他将会一事无成。通往成功路上的最大障碍就是自己，征服自己，就会征服一切。

误区 15：一根筋地想问题

误区描述：脑子一根筋，坚持到底就是胜利。

分析与纠正：脑子一根筋地想问题肯定不行，与对手博弈，遇到强敌，不跟对方硬拼，以自己之强攻其弱，你就能夺取冠军。学会选择，懂得放弃，你才能成为自己的冠军。

一位搏击高手参加锦标赛，自以为稳操胜券，一定可以夺得冠军。出乎意料，在最后的决赛中，他遇到一个实力相当的对手，双方竭尽全力出招攻击。当对方打到了中途，搏击高手意识到，自己竟然找不到对方招式中的破绽，而对方的攻击却往往能够突破自己防守中的漏洞，有选择地打中自己。

比赛的结果可想而知，这个搏击高手败在对方手下，也无法得到冠军的奖杯。

他愤愤不平地找到自己的师父，一招一式地将对方和他搏击的过程再次演练给师父看，并请求师父帮他找出对方招式中的破绽。他决心根据这些破绽，苦练出足以攻克对方的新招，决心在下次比赛时，打倒对方，夺取冠军的奖杯。

师父笑而不语，在地上画了一道线，要他在不能擦掉这道线的情况下，设法让这条线变短。

搏击高手百思不得其解，怎么会有像师父所说的办法，能使地上的线变短呢？最后，他无可奈何地放弃了思考，转向师父请教。

师父在原先那道线的旁边，又画了一道更长的线。两者相比较，原先的那道线，看来变得短了许多。

师父开口道："夺得冠军的关键，不仅仅在于如何攻击对方的弱点，正如地上的长短线一样，如果你不能在要求的情况下使这条线变短，你就要懂得放弃从这条线上做文章，寻找另一条更长的线。那就是只有你自己变得更强，对方就如原先的那道线一样，也就在相比之下变得较短了。如何使自己更强，才是你需要苦练的根本。"

徒弟恍然大悟。

师父笑道：搏击要用脑，要学会选择，攻击其弱点，同时要懂得放弃，不跟对方硬拼，以自己之强攻其弱，你就能夺取冠军。

在获得成功的过程中，在夺取冠军的道路上，有无数的坎坷与障碍，需要我们去跨越、去征服。人们通常走的路有两条：一条路是学会选择攻击对手的薄弱环节。正如故事中的那位搏击高手，可找出对方的破绽，给予其致命的一击，用最直接、最锐利的技术或技巧，快速解决问题。另一条路是懂得放弃，不跟对方硬拼，全面增强自身实力，在人格上、在知识上、在智慧上、在实力上使自己加倍地成长，变得更加成熟，变得更加强大，以己之强攻敌之弱，使许多问题迎刃而解。

误区16：感觉不行就赶快放弃

误区描述：既然觉得无法战胜对手，没有信心，还不如早点放弃。

分析与纠正：很多事情的失败不是因为困难而是因为怯懦。争取成功的过程还没开始，就因为怯懦的心态而放弃了努力。这样，再容易的事情也不可能做成。

"我是自己命运的主宰，我是自己灵魂的领导。"这句诗告诉我们：因为我们是自己心态的主宰，所以自然变成命运的主宰。心态会决定我们将来的机遇，这是放之四海而皆准的定律。这句诗也强调，无论心态是破坏性的或建设性的，这个规律都会完全应验。

卡尔·赛蒙顿医生是一位专门治疗晚期癌症病人的专科医生，有一次他为一位61岁的喉癌病人治疗，当时这名病人因为病情的影响，体重大幅下降，瘦到只有40多公斤，癌细胞的扩散使他无法进食。

赛蒙顿医生告诉这位患者，自己将会全力为他诊治，帮助他对抗恶疾。同时，每天将治疗进度详细告诉他，并清楚讲述医疗小组治疗的情形，及他体内对治疗的反应，使病人对病情得以充分了解，并缓解不安的情绪，努力与医护人员合作。

结果治疗情形好得出奇。赛蒙顿医生认为这名患者实在是个理想的病人，因为他对医生的嘱咐完全配合，使得治疗过程进行得十分顺利。赛蒙顿医生教这名病人运用想象力，想象他体内的白血球大军如何与顽固的癌细胞对抗，并最后战胜癌细胞的情景。结果两个星期后，医疗小组果然抑制了癌细胞的破坏性，成功地战胜了癌症。对这个杰出的治疗成果，就连赛蒙顿医生也感到十分惊讶。

其实赛蒙顿医生是因为运用了心理疗法来治疗这名癌症病人，才获得了如此成功的疗效。

赛蒙顿医生说："你对自己的生命拥有比你想象的更多的主宰权，即使是像癌症这么难缠的恶疾，也能在你的掌握中。"他还说，"事实上，你可以运用这种心灵的力量，来决定要什么样的生命品质。"

我们的生命是高贵的，只是我们因浪费太多而日趋麻木；我们的生活是美丽的，只是我们因缺少发现而对身边的美熟视无睹。

只要我们用发现的眼光，用积极的心态对待生活，对待生命，我们就能够从中汲取营养，迸发激情，全身心地投入到实现目标的奋斗之中，并最终实现人生目标，实现自我价值。

误区17：倒霉的人总是很倒霉

误区描述： 幸运的人总是很幸运，倒霉的人总是很倒霉。

分析与纠正： 成功不能靠运气，遇到挫折是难免的。我们总有将摆在我们面前的问题看成是自己遇到的最严重问题的习惯，这时我们应该想想这样的判断是否正确。下次你们遇到了大难题时问问自己："这是不是我所遇到的最棘手的问题？这个难题和我曾遇到的最大难题相比如何？"如果过去的难题更棘手——一般是这样的——那么你定能过此难关。

李·艾柯卡曾是美国福特汽车公司的总经理，后来又成为克莱斯勒汽车公司的总经理。作为一个聪明人，他的座右铭是："奋力向前。即使时运不济，也永不绝望，哪怕天崩地裂。"他1985年发表的自传，成为非小说类书籍中有史以来最畅销的书，印数高达150万册。

艾柯卡不光有成功的欢乐，也有挫折的懊恼。他的一生，用他自己的话来说，叫做"苦乐参半"。1946年8月，21岁的艾柯卡到福特汽车公司当了一名见习工程师。但他对和机器做伴、做技术工作不感兴趣。他喜欢和人打交道，想搞经销。

艾柯卡靠自己的奋斗，由一名普通的推销员，终于当上了福特公司的总经理。但是，1978年7月13日，他被妒火中烧的大老板亨利·福特开除了。当了8年的总经理、在福特工作已32年、一帆风顺、从来没有在别的地方工作过的艾柯卡，突然间失业了。昨天他还是英雄，今天却好像成了麻风病患者，人人都远远避开他，过去公司里的所有朋友都抛弃了他，这是他生命中最大的打击。"艰苦的日子一旦来临，除了做个深呼吸，咬紧牙关尽其所能外，实在也别无选择。"艾柯卡是这么说的，最后也是这么做的。他没有倒下去。他接受了一个新的挑战：应聘到濒临破产的克莱斯勒汽车公司出任总经理。

艾柯卡，这位在世界第二大汽车公司当了 8 年总经理的事业上的强者，凭他的智慧、胆识和魄力，大刀阔斧地对企业进行了整顿、改革，并向政府求援，舌战国会议员，取得了巨额贷款，重振企业雄风。1983 年 8 月 15 日，艾柯卡把面额高达 8 亿 1348 万多美元的支票，交给银行代表手里。至此，克莱斯勒还清了所有债务。而恰恰是 5 年前的这一天，亨利·福特开除了他。

如果艾柯卡不是一个坚忍的人，不敢勇于接受新的挑战，在巨大的打击面前一蹶不振、偃旗息鼓，那么他和一个普通的下岗职工就没有什么区别了。是不屈服挫折和命运的挑战精神，使艾柯卡成为一个世人所敬仰的英雄。

究竟什么能使一个人成功？你可能会说，你的人生不取决于自己，而是被一些自己不能选择也不能控制的外界力量等因素所影响，而那些成功的人，是因为他们有机会。其实机会不会从天而降，而是积极的自我意识为核心的信念促使你去争取成功。一个人对逆境的反应是否积极，能表明这个人对抗逆境能力的高低。对实现目标充满信心，就能促使一个人顽强地和逆境抗争。

一个人不可能总是一帆风顺的，在时运不济时永不绝望的人就有希望。

误区18：成功不由自己决定

误区描述：成功需要努力，更需要环境和运气，否则无论多么努力也没用。

分析与纠正：如果你不满意自己的环境，想力求改变，则首先应该改变自己。即"如果你是对的，则你的世界也是对的"。假如你有积极的心态，你四周所有的问题就会迎刃而解。

艾文班·库柏是美国受尊敬的法官之一，但他小时候却是个懦弱的孩子，库柏在密苏里州圣约瑟夫城一个准贫民窟里长大。他的父亲是一个移

民，以裁缝为生，收入微薄。为了家里取暖，库柏常常拿着一个煤桶，到附近的铁路去拾煤块，库柏为必须这样做而感到困窘，他常常从后街溜出溜进，以免被放学的孩子们看见了。

但是那些孩子时常看见他。特别是有一伙孩子常埋伏在库柏从铁路回家的路上袭击他，以此取乐。他们常把他的煤渣撒遍街上，使他回家时一直流着眼泪。这样，库柏总是生活在或多或少的恐惧和自卑的状态之中。

有一件事发生了，库柏因为读了一本书，内心受到了鼓舞。从而在生活中采取了积极的行动。这本书是荷拉修·阿尔杰著的《罗伯特的奋斗》。在这本书里，库柏读到了一个像他那样的少年的奋斗故事。

那个少年遭遇了巨大的不幸，但是他以勇气和道德的力量战胜了这些不幸。库柏也希望具有这种勇气和力量。这个孩子读了他所能借到的每一本荷拉修的书。当他读书的时候，他就进入了主人公的角色。整个冬天他都坐在寒冷的厨房里阅读勇敢和成功的故事，不知不觉地吸取了积极的心态。

在库柏读了第一本荷拉修的书之后几个月，他又到铁路上去拣煤。隔开一段距离，他看见三个人影在一个房子的后面飞奔。他最初的想法是转身就跑。但很快他记起了他所钦羡的书中主人公的勇敢精神，于是他把煤桶握得更紧，一直向前大步走去，犹如他是荷拉修书中的一个英雄。

这是一场恶战。三个男孩一起冲向库柏。库柏丢开铁桶，坚强地挥动双臂，进行抵抗，使得这三个恃强凌弱的孩子大吃一惊。库柏的右手猛的打到一个孩子的嘴唇和鼻子上，左手猛击到这个孩子的胃部。这个孩子便停止打架，转身逃跑了，这也使库柏大吃一惊。同时，另外两个孩子正在对他进行拳打脚踢。库柏设法推走了一个孩子，把另一个打倒，用膝部猛击他。而且发疯似的揍他的腹部和下巴。现在只剩一个了，他是孩子头，已经跳到库柏的身上，库柏用力把他推到一边，站起身来。大约有一秒钟，两个人就这么面对面站着，狠狠瞪着对方，互不相让。

后来，这个小头头一点一点地退后，然后拔腿就跑。库柏也许出于一时气愤，又拾起一块煤炭朝他扔了过去。库柏这时才发现鼻子挂了彩，身上也青一块、紫一块。这一仗打得真好。这是他一生中重要的一天，那一天他已经克服了恐惧。

库柏并不比去年强壮多少，那些坏蛋的凶悍也没有收敛多少，不同的是他的心态已经有了改变。他已经学会克服恐惧、不怕危险，再也不受坏蛋欺负。从现在开始，他要自己来改变自己的环境，他果然做到了。

阅读积极心态的书籍，使库柏战胜了懦弱，战胜了恐惧，最终成为全美最受尊敬的法官之一。

误区19：我天生就应该是干大事的人

误区描述：上天赋予每个人的使命是不同的，有的人天生就是做大事的人，有的人天生就是市井小民。

分析与纠正：很多人自认为是做大事的人，对于小事不屑一顾，尤其是基层工作，要他们从基层干起，从小事干起，他们都不情愿，这是一种很普遍的现象。

在很多人的印象中，基层是社会的最底层，在基层工作永远都是默默无闻，没有出人头地的时候，其实这是一种偏见。从更深层次的意义来讲，基层是一种就业的导向，一种象征。无论做什么工作，干什么事业，在什么部门，都有一个从基层干起的问题。

许多人刚步入社会，就梦想以自己之能完全可以做个领导者、管理者，如果让他们从基层做起，他们就会觉得很没面子，甚至认为这是大材小用。殊不知他们虽然有远大的理想、丰富的理论知识，但是缺乏专业知识和经验，更缺乏脚踏实地的态度。自以为是、自高自大是脚踏实地的最大敌人，你若时时把自己看得高人一等，处处表现得比别人聪明，那么你就会不屑于做普普通通的工作，不屑于做小事、做基础的事。

事实上，随着高等教育的普及，越来越多的人接受了高等教育，这些人正在成为社会新增劳动力的重要组成部分，这意味着更多的大学生将成为普通劳动者、素质较高的普通劳动者。与此相适应的是，大学生从事基层工作也是顺理成章的事。许多企业新进的员工，包括一些老员工，也对从基层干起抱有一种不平衡的想法。他们认为基层的一些基础性的工作对他们来说是大材小用。于是他们往往敷衍了事，不尽心尽力地工作，而对

别人的升职加薪却愤愤不平。

不管哪个企业，也不管哪个行业，从事管理和领导工作的只能是一小部分人，大多数的人都是从事基础性的工作。在许多人眼睛里领导是高高在上的，而他们忘了领导也大都是从基层走出去的。其实，工作都是阶梯性的，首先是经验积累，然后才能被提升，如果没有基础积累，即使给你很高职位，你也肯定做不好。只有把基础性的工作做好，把自己的本职工作做好，积累起足够的经验，创造出优秀的业绩，才有可能获得上升的机会。因此，老老实实地从基层干起、干好，一样会有成长的空间。

很多知名大企业都规定，被他们录取的人无论职位高低，都要从普通员工做起。

20世纪70年代初，麦当劳看好了中国台湾市场。其总部决定先在当地培训一批高级管理人员，他们选中了一个著名的年轻企业家。通过几次商谈，还是没有定下来。最后一次谈判，总裁要求该企业家带上他的夫人来。在商谈的最后关头，总裁问了一个出人意料的问题："如果我们要你先去洗厕所，你会怎么想?"他被这突如其来的一"棒"打懵了头。好在他旁边的夫人打破尴尬："没关系，我老公在家里经常洗厕所。"就这样，他通过了面试。但令人万万没想到的是，第二天一上班，总裁真的安排他去洗厕所，并尾随其后观察之。直到后来他当上了高级管理人员，看了麦当劳总部的规章制度才知道，原来麦当劳训练员工的第一课，就是先从洗厕所干起，就连总裁也不例外。

快餐业巨头麦当劳的选人用人标准如此简单，这肯定会令今日的名牌大学生和正在盼望就业的人摇头，但这正说明从基层干起还是有必要的。正如创维集团人力资源总监王大松先生说的那样："年轻人只有沉得下来才能成就大事。无论你多么优秀，到了一个新的领域或新的企业，都要从基本的岗位做起，了解情况。让我们去掉身上的那些浮躁，多一些务实精神吧，记住万丈高楼平地起，如果没有坚实的基础，谁又能保证它就不是空中楼阁呢?"

不用担心，也不要忧郁，只要你有一份想干一番事业的坚定信心，只要你有一种勤奋坚毅的内在品质，只要你有一股执著追求的恒心韧劲，你是一颗种子，到哪都会生根发芽；你是一粒金子，在哪都会发光。

生活篇

误区 1：无须为别人保密

误区描述：秘密憋在心里不说出来是很不舒服的，很多人自己都把秘密告诉朋友，心里舒服了，却要求朋友为他保密，这实在是很无理的要求。

分析与纠正：秘密，是任何人都有的。早从小学时代起，我们就开始在一定范围内向别人保密了，就是对最亲近的父母也不例外。但是我们心头的秘密，却可以向要好的同学朋友公开，只是，这有一个条件："秘密"告诉了你，你就得为我保密。不然，以后我就再也不会把秘密告诉你了。这种向朋友吐露又要求朋友保密的倾向，随着年岁的增长，愈来愈强烈。

一个人总有一些纯属个人私事的东西，这些隐私往往不宜扩散，只能在自己与挚友之间"你知，我知"。这些隐私包括伤心的事，包括快乐的秘密，也包括生活的缺陷、个人的恩怨等等。这些个人隐私，自己闷在心里实在难耐，于是就会向知心好友倾吐出来，目的是为了赢得朋友的同情、爱怜，让其帮助自己出点子，想办法。

假如，当好友将他的苦衷告诉了我们，我们却把这些"悄悄话"公之于众，那么会引发什么样的后果呢？朋友伤心不说，可能还会引起意想不到的连锁反应，引发系列风波，平白无故地制造出人为矛盾，而自己的形象也蒙上一重阴影。

朋友把自己的隐私告诉了你，即使没有叫你保密，也表明了他对你的极度信任。对此，你只有为他分忧解愁的义务，而没有把隐私张扬出去的

权利。如果张扬出去，势必会失去朋友的信任，以后人家就再也不敢和不愿把自己的隐私告诉于你，而你也就成为一个严重失德的人。

人们之间互相交往，是为了交流情感、寻找帮助和增进友谊。人们结交朋友的一个重要目的，就是使自己的心里话能够找到个可以倾诉并被理解的对象。但是，言而无信的人却辜负了这种信任，他们当面答应"保守秘密"，背转身来又向别的不相干的人和盘托出。像这样的人，怎么让人与之交往呢？

误区2：大事小事都要回报

误区描述：欠债还钱，大事小事都要回报。

分析与纠正：中国有句古话："虽有兄弟，不如友生。"可见交友之重要。有些同学在交友过程中，往往开头人缘不错，但友谊却往往不持久、不巩固。这种现象很有代表性。究竟是什么原因使其能开好头却不能结好尾呢？

一个人的待友之心，往往体现在日常生活的琐细事情中。分析起来，这些同学之所以开始显得人缘很好，主要是因为他们一般都比较随和、乐于助人，能够想别人所想，济别人所难。在这些方面，这些同学的确做得不错。但是，在他们帮助过别人之后，内心也就不断增长期待别人回报的心理。当这种心理得不到满足时，他们与曾经被帮助过的人的关系便日渐冷淡了……

不错，同学之间应该互相帮助，互相接济，但是这只能是我们自己的信念，而不能以此强求别人，甚至因别人做不到这一点，自己也就放弃了这一义务。埋怨对方没有投桃报李，自己吃了亏，说那些"我对他多好，我帮他做了多少事。轮到这次我求他，他却不管，真不够朋友"之类的话的同学，在他们看来，"友谊"几乎成了一种贸易。与人交往，施恩图报，而恩和报之间又难得均衡，那么，这样的朋友关系又怎能发展下去呢？斤斤计较的人不但会失去朋友，而且会失去自己的品格。

古希腊政治家伯利克说："我们结交朋友的方法是给他人以好处，而不是从他人方面得到好处。""当我们真的给予他人以恩惠时，我们不是因为估计我们的得失而这样做，乃是由于我们的慷慨这样做而无后悔的。"为此，请把别人欠你的情尽量忘掉。

误区3：孝敬父母不用学

误区描述：孝敬父母是人类的天性之一，生来就应该会的，无须学习。

分析与纠正：孝敬父母是中华民族的优良传统，是世界人民共同崇尚的美德，也是日常礼仪中重要的礼仪之一。

现在的中学生大多是独生子女。较优裕的生活条件和环境，使不少孩子养成以自我为中心的习惯。他们为自己想的较多，为别人想的较少，甚至认为父母为他们所做的一切是应该的，他们不懂得怎样孝敬父母。其实，孝敬父母长辈是中国人民的优良传统，也是我们每个人应该履行的道德规范。

为什么要孝敬父母呢？仅从父母对于子女的养育之恩来说，从十月怀胎到小生命的降生，从初生的婴儿到翩翩少年，从衣食住行到上学读书，交往朋友，当父母的不知要操多少心！每个称职的父母虽然他们在给予子女的生活知识和思想养料方面并不是等量的，但他们却在竭尽全力地给予。可以说父母对子女的爱是人与人之间最深情的爱，是最富于自我牺牲精神的爱。面对养育我们成长的父母，每个稍有良知的人都应孝敬他们。

那么，我们该怎样孝敬父母呢？

1. 孝敬父母长辈，要听从他们的教导。

要像《中学生日常规范》所说的那样"尊重父母的意见和教导，经常把生活、学习、思想情况告诉父母"。向他们诉说心中的喜怒哀乐，向他们请教解决问题的方法。因为父母的教诲，大都是积几十年生活经历的经验之谈，听从父母的教诲可以少走弯路，有利于自己的健康成长。

2. 孝敬父母，要对他们有礼貌。

我们有不少同学认为，一家人天天在一起不必客气，不必有礼貌，这种想法是不对的。中华民族历来注重礼仪教育，中国素有"礼仪之邦"美

称，我们应把民族的好传统继承下来。在家中形成一定的礼貌常规，早晨起床后向父母问安，有事离家要向父母告知。在日常生活中，要养成谦恭有礼的习惯。如吃饭时先让父母坐，替父母端饭拿筷。吃东西要顾及长辈。听父母讲话要认真，不随便插嘴，更不能随便顶撞。对父母讲话，态度要温和，还有注意使用礼貌用语。

3. 孝敬父母，要在具体行为上关心体贴他们。

我们中学生虽然还没有能力赡养父母，但总可以在言行方面多加关心体贴。在完成学习任务的基础上，要料理好个人生活，不让父母操心，主动承担一些力所能及的家务劳动和为父母服务的工作，以减轻父母的负担。要常关心父母的身体健康，问寒问暖，特别在父母生病时更需细心照料。在节假日，父母的生日、结婚纪念日，子女悄悄送上一张卡片（自制的更有意义）表达浓浓的儿女情，这样既可加深与父母的感情，更是对父母极大的精神安慰。总之，我们应用具体行为孝敬父母，回报他们给我们的爱。

误区4：给父母物质回报就可以了

误区描述：生病有医院，生活有保姆，儿女做到这些就可以了。

分析与纠正：俗话说："滴水之恩当涌泉相报。"如果生病的是你的爹娘，那么，请你想一想，你是怎么长到这么大的？想当初，你呱呱坠地来到人间，是谁一把屎一泡尿拉扯着你？是谁一口奶一口饭喂大了你？你病了，又是谁彻夜难眠护理着你？

回想起你的成长史，笔者相信，你必然会对爹娘感激不尽。那么，此时不正是你报答他们的极好机会吗？如果生病的是你的祖父母、外祖父母，也请你想一想，他们是如何含辛茹苦养大了你的父母，又是如何呵护着你，为你的每一点进步而高兴不已？没有他们的辛劳哪有你的父母，又哪有你呢？此时不正是你向他们表达自己和父母感激之情的好机会吗？

天晴总有天阴时。人生在世谁没有生灾害病的时候呢？当初你有点小病小灾时，长辈搂着你，哄着你，给了你多么大的安慰！现在他们病了，忍受着疾病的折磨，多么需要亲人的关心与照顾啊！他们的身体正遭受着痛苦，你可不能让他们心灵受到伤害，设身处地地为他们想一想吧！请以你的骨肉亲情去温暖他们的身心吧！这是为人子女最起码的义务，也是我们中华民族的传统美德。

"子女有赡养扶助父母的义务"，这是我国法律的明确规定。作为中学生，虽然还不具有赡养父母的能力，但扶助父母，比如对父母精神上安慰，感情上体贴，生活上照顾，尤其是在父母患病时，悉心服侍，使他们早日康复，是我们应该履行的责任。

明白了以上道理，相信你一定会对病中的长辈，倍加体贴，也绝不会再嫌烦嫌脏了。但话又说回来，平时父母亲、祖父母等长辈对你很关心，对你的学习和生活都照顾得十分周到。现在，他们生病了，你想服侍，但又怕影响学习，怎么办呢？我们可以参考以下几点：

1. 合理安排，统筹兼顾。

作为中学生的你，既服侍生病的长辈，又想不影响学习，确实有些为难。但如果你学会了合理的安排，便可做到统筹兼顾了。例如：在课堂上你应加倍注意听讲，这样写作业时就不至于因为不理解题目而影响了速度，也可节省些复习的时间；课间和在校能够利用的一切时间都用来抓紧完成作业，这样放学后就有较多的时间服侍长辈了。再如：需要背的单词和课文，较简单的"抄写"之类的作业，可以利用服侍长辈的间隙时间或在炉子边熬药时，在病床旁陪护时来完成。

2. 根据需要，有所侧重。

常言道："锥子没有两头快。"如果长辈处于病危阶段，非你服侍不可时，那就只有"忍痛"停几天课了。这时你可以把重要的课本带在身边，在他入睡时，看上几页，以免落下的课太多，但不能过于"全神贯注"，因为你还得随时注意观察他的病情；待长辈病情一稳定，你得赶紧抽空去听课，抓紧时间把落下的课补起来；如果不巧正赶上考试，又无法补考，那只有设法请人帮忙照看一下长辈了。

3. 发动群众，寻求帮助。

请别忘了个人的力量毕竟是有限的，"众人拾柴火焰高"。除极特殊的家庭外，我们一般都会有些其他的亲朋好友，你在个人难以应付的时候，可以适当地向他们寻求些帮助。同时，你还有关心你的亲爱的老师，和几十位朝夕相处的同窗，他们是你信赖的朋友和坚强的后盾，可以帮助你度过困难。

误区 5：无须祝贺父母生日

误区描述：生日通常是给孩子和老人过的，父母过不过都不要紧。

分析与纠正：每当唱起生日歌时，同学们一定会记得自己过生日的那种热闹场面，一定会想起父母为自己买的生日礼物，心头会涌起阵阵暖意……但是，同学们是否也记得父母的生日呢？如果父母过生日，又该怎样表示祝贺呢？

对于父母来说，如果孩子能记得他们的生日，那是很大的欣慰。如果生日那天，孩子向他们表示祝贺，他们就会更加高兴。表示祝贺的方式有很多，同学们会选择哪一种呢？

1. 送上他们喜欢的礼物。

同学们平时要和父母多交流，了解他们的爱好。如他们所喜爱的一本书、服装等。如果在他们生日那天，给他们送上一份平日喜爱的东西，一定会给他们一个意外的惊喜。

2. 帮助料理家务。

父母出于爱护，或让子女多花一些时间在学习上，平时很少让子女做家务。在父母生日那天，同学们可以主动料理家务，譬如整理居室、洗碗、洗衣服等，让父母轻轻松松地休息一下。这不仅会让我们的父母感到欣慰，对于子女来说也会感到莫大的快乐。

3. 送上一份良好的学习成绩单。

其实父母心里最希望得到的，莫过于子女在学习上能取得优异成绩，为此他们不抱怨家务的繁琐，不抱怨工作的压力，而是一心一意地盼望着子女能在学习上有长远的进步。因此，同学们若是能够在父母生日时向他们报告自己在学习上的进步，以及取得的好成绩，那将是他们过生日时最好的礼物了。

4. 举行外出庆祝活动。

外出活动可以放松心情，消除学习的疲惫和压力。如果父母喜欢旅游，生日时又恰逢节假日，同学们不妨主动提出陪同父母外出旅游，或是邀请亲朋好友到郊外进行野餐活动，表示对父母生日的祝贺。如果父母喜欢看电影、看戏这样的娱乐方式，子女也可以主动买票陪同父母一起去看电影或看戏，共度甜美幸福的快乐时光。

5. 举行生日聚会。

如果经济条件许可，可以搞生日聚会，邀请亲朋好友一起为父母祝贺，使场面热闹，气氛热烈。通过这样的方式聚齐平时见面少的亲戚朋友，让他们来一起分享父母亲的生日的快乐，这不仅会让父母更加开心，也极大地增进亲朋好友之间的感情。但要注意不能铺张浪费。

6. 书信祝贺。

在生日前一天写好一封贺信，表达自己对父母生日的祝愿，在生日那天恭敬地交给父母。有能力的最好凸显出自己独特的写作方式和文采，让父母从书信中重新认识自己，可以采用书法形式、绘画形式等。

7. 利用报刊、电视、广播等媒体祝贺。

同学们可以通过电视台、广播电台及地方报纸，在父母生日那天，为他们点一首他们所喜爱的歌曲或献上几句生日祝词。当一家人开心地看着电视或者听着广播，或者一起围坐着看报纸上的生日祝福时，那是多么温馨而甜蜜的时刻。

祝贺生日的方式多种多样，采取哪种方式最佳，需要靠自己平时与父母多交流沟通，了解他们的兴趣、爱好。同时要注意，采取的庆贺方式应使他们感到生活的实在、温馨和乐趣，避免产生岁月匆匆的伤感情绪。

误区 6：很羡慕别人吃喝玩乐

误区描述：活着就是要开心快乐，谁不想吃喝玩乐啊？

分析与纠正：有的同学认为整天吃喝玩乐很"潇洒"，这显然是不恰当的。人的生活离不开吃喝玩乐，吃饱饭、穿暖衣是人生活的基本需求，当然有条件的话，吃得营养些，穿得美一点，繁忙的学习之余安排些娱乐活动，那也是提高人们生活情趣的进一步需要，可是如果把吃喝玩乐当做生

活幸福的目标，加以追求，那就失之偏颇了。

人有各种需要，当需要能得到满足，便会产生欢愉和幸福感。吃喝玩乐只是人的生理需要、物质要求。这是人的最基本的需要，也是一种低层次的需要。而人的求知、事业等精神需要，才是高层次的需要。人的低层次需要得到满足，也会产生欢愉，但不是生活幸福的唯一标志。而只有当一个人物质与精神生活得到满足，不仅物质生活优越，而且精神生活丰富，知识渊博，事业有成就，于国于民贡献大，才会有真正的幸福生活。

有的人绫锣绸缎，花天酒地，物质生活够丰富了吧，但精神生活却十分贫乏，常常感到空虚无聊，这算什么幸福！而那些孜孜不倦地在书上攀登的学者，在科技项目上攻关的科学家、发明家以及在各种平凡的工作岗位上为社会主义祖国作出贡献的人，才是精神生活极其富有与幸福的人。

另外，长期不节制的吃喝玩乐，特别夜间饮酒过度，或整夜上网、打麻将、打扑克，使人的精神长时间处于亢奋状态，难以入睡，而到了白天就会萎靡不振，还有可能带来身体不适，严重的甚至引发心脑血管疾病，导致猝死。同时夜晚过度喝酒、唱歌还引发打架斗殴造成创伤，因交通事故造成的伤害也不少。

青少年正处在长身体、长知识的时期，不能停留在低层次的需求上，追求眼前的物质享受，与成年人比消费水平。应该树立正确的幸福观，努力去追求高层次的精神需要，在学习与掌握渊博知识、高超本领和尽力奉献中去获得幸福。

真正的幸福不是物质享受，而是为国为民作出贡献。愿大家都能在平凡的学习与生活中焕发青春，做出不平凡的业绩，以争取获得真正的幸福生活。

误区7：不拒绝吸烟、喝酒

误区描述：烟酒是社会交往的必需品，为何要拒绝呢？

分析与纠正：当代中学生绝大多数胸怀凌云壮志，向往"长风破浪会有时，直挂云帆济沧海"的生涯。他们在浩瀚的知识海洋遨游，以寻觅书海中的奇珍瑰宝。但也有少数意志薄弱者，经不起海浪的冲击，喝了几口水，甚至遭触礁冲进了荒滩，难以救药。

比如在生活中有人教唆吸烟、酗酒，怎么办呢？

首先，我们必须认识到吸烟和酗酒的严重危害。养成吸烟恶习，会影响学习进步。少数未成年学生误以为吸烟"像大人"、"够气派"、"很好玩"、"很刺激"，于是他们从模仿成人吸、背着教师吸、偷家里的吸到三五成群扎堆吸、厕所吸，最后吸上瘾。他们还整天琢磨怎么搞到烟，怎么躲避上课。另外，人在吸烟时，会大量吸入一氧化碳等有毒草物，使血液中缺氧，造成头痛、头晕、乏力等症状，使精神萎靡，智力下降，从而影响学习。

酗酒影响身体健康。酒是一种麻醉剂，影响中枢神经系统，有害身体健康，并可导致其他疾病的发生，饮酒过量甚至会有生命危险。酒对人体的危害主要在于酒精，酒精可以使人早衰。未成年人正处于成长发育阶段，身体的各部器官尚不完全成熟，饮酒影响身体的正常发育。酗酒可导致学习退步。长期饮酒，记忆力、判断力下降，注意力无法集中，智力开始减退，从而能导致学习退步。

吸烟、酗酒都可能诱发未成年人违法犯罪。有的未成年人为买烟而不吃早点，影响身体健康生长发育；有的由向别的同学"借钱"，发展到钻空子偷钱、抢钱；有的与社会不三不四的人勾结在一起，甚至结成扰乱社会治安的流氓团伙，最终堕落为违法犯罪分子。同样有的未成年人为了喝酒，采取偷、骗、抢、诈等非法手段获取金钱。另外，"酒能乱性"过量饮酒后自己无法约束自己，控制不了言语行动，酒后打架斗殴，甚至伤人杀人的案件屡见不鲜。

由此可见，吸烟、酗酒是一个很严重的问题。那些教唆我们吸烟、酗酒的人居心叵测，妄想拖我们下水，把我们引入犯罪的深渊。我们应义正辞严地加以拒绝，与之展开针锋相对的斗争，必要时报告公安部门备案。如果我们不用中学生守则来约束自己，放松思想上的防范，听任社会上的坏分子用烟、酒来引诱腐蚀，逐步上钩，总有一天也会滑到与人民为敌的泥坑里去。古人云，一失足成千古恨。我们切不可一时好奇，毁了终身。

总之，未成年人吸烟、酗酒不利于身心健康，并极有可能诱发各种伤害事故，导致违法犯罪，有百害而无一利，因此，未成年人应严格遵守中学生行为规范，绝不吸烟、酗酒。

误区8：不抵制别人吸毒、贩毒

误区描述：那些是坏人干的事情，抓坏人是警察的职责，我们的职责是好好学习。

分析与纠正：吸毒（指吸食鸦片、海洛因或其他毒品；长期注射吗啡、杜冷丁等）危害极大。吸食毒品很快成瘾。一旦成了瘾君子后，身体就会受到很大的摧残：消化不良、体力下降、面黄肌瘦、精神萎靡，不但不能坚持正常的学习和生活，而且，还会导致坐吸山空、倾家荡产，甚至为了筹集吸毒资金，千方百计干出偷窃、抢劫、杀人、卖淫等不法勾当，成为社会的罪人。我们中学生要警惕坏人的引诱，切勿上当受骗。

有的同学也许会想，我看吸毒是挺新鲜的事，偶尔玩一玩，试一试，没什么大不了。这一想法是不现实的、错误的。毒品都是一吸就上瘾，一上瘾就难以戒掉的。因此，我们千万不能抱侥幸心理，即使就一次，也应坚决拒绝。要做到："拒腐蚀，永不沾。"

1. 关心报纸杂志广播电视等传媒的有关宣传，积极参加学校组织的法律宣传报告会，或参观有关展览，参加关于吸毒、贩毒情况的社会调查，或听吸毒人员的悔过检讨等，提高对吸毒危害性的认识和抗吸毒的自觉性。同时，我们要树立远大的志向，培养高尚的情操，刻苦学习，慎重交友，从根本上"拒腐蚀"。

2. 万一身边出现了吸毒青年，要协助有关部门向他们宣传吸毒的危害性和有关法律，劝阻他们不要吸毒，建议他们进"禁毒学习班"，以根除毒瘾，重新做人。

3. 我国法律规定，引诱、教唆、欺骗他人吸食或注射毒品构成犯罪。因此，有人引诱你吸毒应立即设法报告公安部门，并协助公安部门顺藤摸瓜，将吸毒、贩毒分子捉拿归案，以根除祸患。

如果有人找你代贩毒品，你必须坚决拒绝。我国的宪法和《治安管理条例》明确规定，走私、贩卖、运输、制造鸦片、海洛因、吗啡或其他毒品是犯罪行为，要给予严厉的法律制裁。我们中学生是未成年人，是祖国的未来，我们怎能干犯法的事呢？我们还应看到贩卖毒品不仅害己、害人、而且害国、害民。作为中国人能忘记1840年的鸦片战争吗？这次战争的结果是清政府屈膝求和签订了丧权辱国的《南京条约》，把香港割让给英国成了殖民地，西方殖民者打开了中国的大门，中国从此沦为半殖民地半封建社会，人民陷于水深火热之中。这次战争的直接原因就是因为鸦片。

吸毒、贩毒是极丑恶的行为，是对国家和民族的犯罪。为此，国家对贩毒者予以严厉的法律制裁。不仅贩卖毒品构成犯罪，就是非法持有毒品（随身携带、放在家中或其他能任意支配的地方）都构成犯罪。

作为中学生，我们绝不能参与贩卖毒品的活动。

我们不仅自己不能贩卖毒品，而且，一旦发现有人贩卖毒品，即使是自己的亲友，也应立即向公安部门报告，协助公安部门将贩毒、吸毒分子缉拿归案，绝不能碍于情面包庇贩毒、吸毒分子，为他们做伪证，更不能帮助他们隐匿、毁灭罪证，掩盖罪行、逃避法律的制裁。要知道，这也是犯法的，也将受到法律的制裁。

如果我们检举揭发了贩毒分子，自己的人身安全没有保障时，应提请公安部门或学校领导、老师、同学加以保护。

误区9：不拒绝看黄色书刊、录像

误区描述：温室里长大的花朵是经不起风雨的，绝尘的环境里长不出身心健康的人。

分析与纠正：黄色书刊和录像中所宣扬的往往是一种淫秽、变态的性观念和行为。它争对人们对一些问题的无知和好奇，大肆渲染和过分夸张了某些正常人的行为和情景，让人不知不觉地受到伤害。一定程度上，黄色书刊和录像对人的影响类似于毒品对人的侵害。一些成年人因为自控力的强大偶尔接近它可能不会受影响，但缺乏控制力的中学生却

最好对它敬而远之。

伴随着性生理的发育成熟，中学生对性的问题充满着好奇和疑惑。然而不幸的是一些学校和家庭对此却讳莫如深，闭口不谈，这无形中又进一步强化了中学生对性问题的好奇心，给有关性的问题罩上了一层神秘的面纱。强烈的求知欲望使他们对性问题极为敏感，他们会从各种途径，如书刊、影视、秘文传说中去找答案。黄色书刊一定程度上正是迎合了同学们这种需求，而恰恰它们对学生的危害极大。

许多误入歧途的中学生最初也只是出于好奇，抑或是在无意间有所接触。起初很多人也是自认为完全有抵抗力的，结果一旦接触便不能自拔。黄色污染的刺激，常常使中学生的性冲动被不正常地激发起来，并产生想模仿和尝试的愿望。整日沉湎于性的想象之中，经常为原始的性欲所左右，致使精神萎靡，提不起精神，也无心学习。

人在缺乏对一些东西的抵抗力的时候，是很容易退化为动物的。其结果呢，轻者影响学业，重者走上性犯罪的道路。那么，如果已经偷看了黄色书刊、录像，该怎么办呢？

1. 要认识到偷看黄色书刊、录像的危害。

黄色书刊录像是一种精神毒品，是人们灵魂的腐朽剂，它会使青少年精神恍惚，萎靡不振，荒废学业，甚至堕落到违法犯罪的地步。

2. 积极检举揭发黄色制品的来源。

我国《治安管理处罚条例》第32条规定，制造、复制、出售、出租或传播淫书、淫画、淫秽录像带或其他淫秽物品的，依情节轻重处15日以下拘留、依法劳动教养，构成犯罪的依法追究刑事责任。《未成年人保护法》第四章第25条也明文规定，严禁任何组织和个人向未成年人出售、出租或以其他方式传播淫秽、暴力、凶案、恐怖等毒害未成年人的图书、报刊、音像制品。

我们应从国家和人民的利益出发，向派出所、公安局检举、揭发，为扫黄打非、净化社会文化环境贡献自己的力量。切不可因贪图小利而为之；不可因碍于情面而姑息，听之任之，熟视无睹；更不可以为自己不干就行，别人我管不着，以为自己揭发了，陷人于囹圄，于心不忍。

要知道，对不法分子的容忍和同情就是对国家和人民利益的损害，就是对国家和人民的犯罪，即使是我们的父母、亲友，我们也不能掩护、支持甚至包庇他们，否则是对国家、对人民不负责任的表现。

3. 发展文明健康的兴趣和爱好。

《中学生日常行为规范》第五条规定："不看宣传色情、凶杀、迷信的坏书刊、录像，不听、不唱不健康歌曲。"中学生应该自觉遵守行为规范，自觉抵制社会上一切不正之风的影响。同时要加强对时事政治的关心，认真学习一些政治理论知识，多看好书、好电影、好电视，不断提高自己判断是非、识别香花毒草的能力和文艺鉴赏水平，不断提高自我约束能力和抵制不良影响的能力。而一旦一时糊涂，参与了阅读黄色读物的活动，也应及早觉悟，悬崖勒马，知错改错，悔过自新，切不可原谅自己，使自己越陷越深。那样，将会使自己毁了自己，后悔莫及。

误区10：是人都会说脏话、"黄"话

误区描述： 我们不是圣人，据说孔圣人也骂过人呢？

分析与纠正： 中学生随着性意识的萌动，对性充满了神秘感，有一些模糊认识。有些同学常喜欢说一些有关性的脏话，有时候甚至不堪入耳，遭到了同学们的反感。自己也知道这样不对，但又一时改不掉这样的习惯，自己也感到苦恼。怎样才能改掉这种习惯呢？

1. 要对性有一个正确的认识，去掉其神秘的面纱，还其本来面目。性是人类异性之间相爱的物质基础，性爱是人类繁衍后代的需要。性，并不是邪恶的，建立在感情与道德上的性爱是高尚的。作为一名中学生，要树立有关性的正确认识，可以适当地看一些有关性方面的书籍，这样就可以逐渐减少对性的神秘感。

2. 要加强对《中学生日常行为规范》的学习。讲文明、讲礼貌，养成良好的语言习惯。习惯成自然，一旦养成习惯，那讲脏话的毛病就会得到逐步纠正。但要养成良好的习惯并非易事。通过对《中学生日常行为规范》的学习，让自己知道哪些话我们可以讲，哪些话我们不能讲。在每次讲话之前，要先动脑筋想一想，自己所讲的话是不是符合《规范》的要求，思

考后再把话讲出来。

3. 为自己确立一个讲话方面的榜样，跟在后面学。中学生朋友一方面自控能力不强，另一方面模仿能力又很强。为自己确立的榜样，可以是自己的老师，可以是一位长辈，也可以是这方面表现出色的同学。自己跟在榜样后面学习，久而久之，就会受到潜移默化的影响，促使自己养成良好的语言习惯。同时还可以请自己的榜样监督自己，当自己说话一犯老毛病的时候，就由他（她）提醒自己，这样也是一种有力的约束。

4. 要避免或减少与说话不文明的人交往。如是自己的父母，你可以诚恳地向他们提意见，但说话要婉转，否则父母受不了，就不易接受。如父母态度粗暴，根本不可能接受你的意见，那你就用行动来影响他们，感化他们。只要坚持，肯定会有效。而那些说话不文明的邻居或朋友，你尽量避开或少接触。如果你觉得这些人本质很好，不愿意疏远他们，你也可以向他们提出意见，帮助他们改掉这毛病。不过说话也要注意方式方法，教训人是不行的，只要你心诚，就一定能收到好的效果。

5. 多看些优秀读物，尤其是伟人传记、名人名言一类的书籍，用伟人的崇高思想和言论武装自己的头脑，提高自己言谈的境界，还可把符合自己特点的优秀人物名言抄成卡片放在写字台、文具盒、作业本扉页处，当座右铭，时时提醒自己。

6. 要真正认识到讲性粗话，不仅是对别人的不尊重，也是对自己的不尊重。时间长了以后，同性同学会看不起你，异性同学会回避你，渐渐使自己处于孤立境地。因此，要学会自尊自爱，不仅要下决心改正讲脏话的习惯，还要有恒心、有信心地坚持下去。

总之，只要我们下定决心改掉这个坏习惯，又愿意为了这个决定付出持久的努力，并且注意结合自身用适当的方法，就一定能克服困难最终改掉这个坏习惯。

误区11：占小便宜是正常心理

误区描述：这世上很难找到一个不想占便宜的人。

分析与纠正：我们人的欲望是当然存在的，有很多欲望是正当的、合理的，无可非议，但是也有一些不良欲望，可能存在于我们头脑中，某些时候还表现在行动上，爱占小便宜就是表现较多的一种，这就是不应该有的欲望了。

贪图小便宜，在心理上说是具有较为强烈的占有欲望，它可能一开始很小，但通过一次次满足有可能不断膨胀，直至造成严重后果，因此希望有此不良欲望的同学能及早克服。怎样去做才能较好地达到这一目的呢？

1. 从思想上充分意识到爱占小便宜会带来的后果，以思想的重视指导行动的戒除是最根本的。爱占小便宜虽一时得利，但你显然可以知道它可能被别人发现而大大损害了你所珍视的自身形象；会使别人因跟你在一起总吃亏而警觉你、疏远你，使你面临丧失友谊的危险；贪图小便宜的欲望只是在得逞的那一刻才有满足感，过后又陷于不满足、想进一步贪占的恶性循环之中；最后，清醒地认识到爱占小便宜不但不可能促使一个人树立大志、有所作为，相反很可能不断发展导致犯罪，贻害自身。

真可谓"贪小便宜吃大亏"，看清这些，经常提醒自己这些，会有助于我们克服这一不良欲望。

2. 每当遇到可能占小便宜或自己的这一想法刚出现的时候，要果断地抢在做出行动之前脱离与刺激的联系，或转身立即为自己正常取得（如买来）与刺激物相同的东西。这时，可以告诫自己"小时偷针，长大偷金"、"不要拿别人当阿斗"、"快，拔腿就走，××事在等着你做呢"。如果正常拥有了原想贪占的物品，则可以心安理得地正面暗示自己"这可是我买来的，用起来理所当然，也不怕给别人看见，要不然，恐怕现在心慌脸红、良心不安吧。拥有应当属于自己的东西感觉真好。"也可因自己未占小便宜而给自己某种形式的自我奖励。

3. 对于有轻微爱占小便宜欲望的人和初次占了别人小便宜的人来讲，

有效的措施便是果断地甩掉那点小便宜，不使它据为己有。这是因为，此种毛病对于一个正常的人来讲，本身就有一种道德上、心理上的被谴责感。

据调查，当一个人初次占别人的便宜时，往往是在贪图欲望与道德廉耻矛盾的心理状态下进行的，往往在进行过程中有脸红、心跳、紧张等状态，这时，心灵的道德标准与贪求欲望激烈斗争。此时，即使是占了别人的小便宜，他（她）的良心也往往是不安的，心境是不平静的。此时，如果果断地、自觉地抛弃得到的小便宜，自信心和正义感就会起主导作用，并在心灵深处注射了"防疫针"。

同时，由于小便宜未得到，那种不良的欲望也受到了抑制，并且由于对自己产生那样的念头和行为而感内疚，以致产生道德上、心灵上的终身"免疫"。

4. 对于已有爱占别人小便宜积习的人来讲，虽然根治它难度要大些，但也可采取以上办法予以根治，同时，还应有更有力的措施。对于有爱占别人小便宜积习的人，很好的一个手段就是主动地诚恳地结交一位正直的朋友，把你的坏毛病及想改掉它的想法告诉他，请他来监督你、帮助你，并且要坚决听从这位朋友的劝阻。

每发生一次占别人小便宜的事，就要立即告诉这位朋友，甘愿接受朋友的批评及处置意见。"近朱者赤"，经过一段时间，毛病慢慢就改掉了。

5. 除了主观上的努力外，开展批评、自我批评，建立同学间相互帮助的氛围也十分重要。对爱占小便宜的不良习气给予批评，进行公众舆论的谴责，这种恶习就会丧失活动的市场。同时，当人们都能以互助互利的原则相处时，为社会贡献、为朋友帮忙就会成为一种美德，受到人们的称赞。

6. 对别人的物品要有明确的界限。爱占小便宜成了习惯的人，其贪图欲望往往产生在对别人物品等的喜好上，并且往往把别人的东西看成自己的东西。因此，有这样积习的人如果能常常对不属于自己的物品划一条警戒线，即便是别人的一针一线也明确"这不是我的，我不可以用任何不道德的手段据为己有"。长期这样坚持下去，就会取得很好的效果。

7. 可促使自己积极去做一些乐于助人、为他人、为社会奉献的好事。实践证明，当你为他人付出、因你的行为使他人获得好处时，不管受到别人的称赞与否，本人的感受都是十分愉悦的。将这种感受与某次占小便宜后的感受对照，能起到正面引导的作用。

误区 12：爱虚荣、爱炫耀没什么不好

误区描述：虚荣可以给人追求的动力，炫耀可以刺激别人也来追求成功。

分析与纠正：每当我们取得某项成绩或成功，受到表扬和奖励的时候，心里总是非常的激动，从心里产生出荣誉感来。但是，荣誉是人们对取得成绩、取得成功者的一种奖励，因此，它需要人们努力去创造，才能获得。

如果我们只沉湎于荣誉中甚至不惜损害他人，不择手段地把别人的荣誉窃为己有，去到处炫耀，那就不是我们所说的荣誉感了，而是贪慕虚荣了。好虚荣、爱炫耀对自己不但无利，反而有害。怎样改变这种毛病呢？

1. 正确对待荣誉。

荣誉固然令人羡慕，但是它是建立在辛勤劳动的基础上的，只有不畏艰苦、努力奋斗的人，才能得到，要想取得荣誉，必须要有一番辛苦，不劳而获是不行的。荣誉是给予成功者的一种奖励，是他人对自己成绩的评价，它不是自诩的。自吹自擂，自己给自己戴高帽子，到处炫耀，是毫无意义的。

荣誉是对你自己已经取得的成绩的一种评价，它只属于过去，并不代表你的未来，将来是否你还能取得成功，是否还能继续进步，完全取决你今后的努力和奋斗。希望自己不断进步的人，总是把荣誉作为自己继续前进的动力，作为新的征程的起点，鼓励和鞭策自己一如既往，继续前进。而把荣誉作为炫耀的资本，贪慕一时虚荣的人，是不可能正确对待荣誉，并把荣誉作为前进动力的。

2. 要谦虚谨慎，戒骄戒躁。

毛泽东同志说过："谦虚使人进步，骄傲使人落后。"在荣誉面前，我们要格外的谨慎和冷静。因为取得了一定的荣誉，并不等于自己就没有了不足之处，更不能说明将来不犯错误，况且，你得到荣誉时，会有很多双眼睛注视着你，他们在羡慕你的同时，还会与你竞争，你的压力也就大了，

因此，对自己更要严格要求，不可骄傲自满。

另外，个人取得的成功，除了自己的努力外，往往离不开他人和集体的帮助。例如一名运动员获得奖牌，一名学生考上大学，其中有很多教员、老师、同学、家长以及其他社会力量的帮助。因此，荣誉并不能完全归于自己，仅仅归于自己是十分错误的。

3. 莫把荣誉看得太重。

现实生活中，有的人默默无闻地在自己的工作岗位上像老黄牛一样耕耘着，视名利淡如水，看事业重如山；有的人却是名利思想严重，得到了得意洋洋，得不到便心灰意冷；还有的人为了名利不择手段，让人鄙视。要淡泊名利，脚踏实地地去学习、工作。淡泊不是不思进取，不是无所作为，不是没有追求，而是以一颗纯净的灵魂对待生活与人生的欲望和诱惑。

误区 13：搞"恶作剧"是青少年正常的心理和行为

误区描述：聪明的孩子都会搞恶作剧，很多伟人小时候也干过，连恶作剧都没干过的孩子，不是笨蛋就是弱智。

分析与纠正：团结友爱是一种美德，同学之间应该团结友爱。这通常表现在同学之间相互关心、相互谅解、相互帮助和相互促进等方面。正如周恩来总理所提出的"互敬、互爱、互学、互助、互让、互谅、互慰、互勉"。它有助于同学们彼此间切磋琢磨、取长补短、共同进步。但是，有的同学总是喜欢在同学中搞"恶作剧"，严重破坏了同学间的团结友爱。

所谓"恶作剧"，是指戏弄人的、使人难堪的行动。像在别人背后贴纸条、贴漫画；上课回答问题故意怪腔怪调；别人站起回答问题时，他悄悄抽掉别人的板凳，使别人坐下时跌落在地等等。这些都是损人不利己的"恶作剧"行为。那么怎样改掉这样的坏习惯呢？

1. 要提高自己的素质和修养。马克思说："你希望别人怎样对待自己，你就应该怎样对待别人。"这不仅教我们怎样去做，而且教我们以怎样的思想、态度去做。在同学中"恶作剧"，就是不尊重别人，没有道德修养的表现。要想别人尊重你，首先你要尊重别人。试想，如果你被别人"恶作剧"

了，你会是怎样的一种心情呢？

2. 我们每个学生，都生活在班集体之中，良好的班集体有助于个人的成长。每一个有作为、有修养的学生，总是力求在自己周围造成友好的气氛，以主人翁的精神，关心班集体，关心每一个成员，团结友爱，积极为集体做好事。而不能以"恶作剧"形式来达到自我刺激，自我满足的目的。

3. 意识到自己有"恶作剧"的习惯，就一定要下决心改。当然，要改掉一种不良习惯，光有决心还没有用，得有恒心和毅力。同学之间相处时，一旦发现自己有做得不好的地方，就要及时地、真诚地向别人道歉，以取得别人的谅解。

"恶作剧"反映了一种不健康的表现欲，既损人又不利己，以满足行为人个人乐趣为目的，其他观看者或被恶作剧的人不一定也会觉得有趣，而且往往适得其反地令人憎恶。这种恶作剧有时已经达到了欺凌或犯罪的程度，可能会面临始料未及的严重后果。我们应该要把这种表现欲通过正常的方式表现出来，想办法用到为班级、为同学服务活动中去，这样不仅满足了自己的表现欲望，又对集体有利。

误区14：嫉妒、自卑和麻木多半是天性和环境造成的

误区描述：人人都会妒忌，人人都会自卑，有时也会麻木，有天性因素，也有环境因素，不能都怪自己。

分析与纠正：嫉妒、自卑和麻木的产生的确有多种因素，但是我们自己的因素一定要克服。

1. 嫉妒是蚕食人们心灵的毒蛇。

俄国诗人普希金说过："嫉妒的发作，就好像黑死症、忧郁症、发怒或者神经紊乱一样，实在是一种病。"嫉妒往往是人们在共同事业中进行有效合作的一大障碍。在一个共同学习的集体中，嫉妒心是产生巨大离心力的毒剂。

对于别人而言，嫉妒是影响他们发展的阻力；对于嫉妒者自身而言，它使自己学业上不能有再进一步的成绩。可见，对于胜过自己的同学如果

产生嫉妒心的话，对人对己都是十分有害的，而最终受害的还是嫉妒者自己。

2. 自卑同样是成功的大敌。

有的同学只看到别人胜过了自己，别人比自己强，于是就消极沉闷，提不起学习的劲头，老是念叨自己就是这块料，整日自惭形秽，甚至埋怨自己"朽木不可雕也"。这种精神状态万万要不得。

再说一个人的能力是多方面的，也许你在某一方面比那个同学要差，而在另一方面就可能比他强；也不说你对自己的认识是否错误，有没有采取正确的方法开掘自己的巨大潜力，即便你真的有好多方面比不过有的同学，也不应该自暴自弃，萎靡不振，而应该奋发努力，以勤补拙，迎头赶上。

著名电影演员张瑜赴美留学之初，还没有过语言关，其他基础课程的学习也有困难，许多美国同学不知要胜过她多少，但她以"从零开始，不！从负数开始"的精神，踏踏实实刻苦学习，终于成了加州州立大学电影、电视、广播管理系的合格学生，并立志攻读硕士学位。可见，摆脱自卑才能振奋起来，取得长足的进步。

3. 麻木，更是一种糟糕的心理状态。

它源于自卑，又不同于自卑。有这种心理的人常常口口声声说："我已经无所谓了。"这比自卑更可怕，因为一个人麻木以后，往往抱着一种彻底的不求上进的态度。不根除这种可怕的病态心理，一个人的成绩、进步无从谈起。遇到这样的同学，老师、家长、同学有时倒应该对他大喝一声，让他猛醒，并给他更多的关心与激励。

实际上，胜过自己的同学是自己不断进步的最好推动力。在这样的同学面前，我们应该真诚地向他们学习，清醒地看到自己的不足，进而急起直追，并努力超过他们，从而引导自己走向一个又一个的高峰。从某个领域、某个范围来说，经过努力，"我"一定会超过"他"，但"天外有天，山外有山"，所以"我"应该进行不懈的努力。

误区 15：不要企图追求完美

误区描述：没有人能够成为完美的人，你不可能让所有人都对你满意，你又不是人民币。

分析与纠正：人的自我认识与完善不仅需要自身在学习与实践上实现，而且也需要在人际交往中，在与他人的相互作用中来完成。

通过人际交往，在同别人的对比中，人会更容易发现自己的优点和弱点、优势和劣势、长处和短处，从而更有针对性地保持自己的优势，吸收别人的长处，克服自身的缺点，不断完善自己。

中学时期，是人的自我认识逐步成熟的时期，也是人的自我完善的起点时期，因此，是一个很重要的打基础的阶段。

一方面，中学生在同同学与其他同龄人交往中，以他人为衡量的尺度和借鉴的镜子，从与他人各个方面的比较中，更全面地认识自己。同样学习一门功课，考试的结果，自己的成绩在班里名列前茅，说明自己的学习是刻苦的，基础是好的；同样担任班干部，自己所负责的某一项工作开展得不如其他班干部好，说明自己的能力还不如别人强，需要在实践中进一步锻炼自己；在一场知识竞赛中，自己的得分比别人高，说明自己的知识面较广；在一场体育比赛中，自己的成绩不如别人，说明自己体力与运动水平与别人还有差距。

当然，这种对比、衡量、借鉴的标准，也会因时间、地点、对象的不同而发生变化。例如，有的中学生在小学阶段是班里、甚至年级里出类拔萃者，而一旦进入重点中学，就会成绩平平。这样他的自我认识就会发生变化，由小学时期对自己估计过高，沾沾自喜，逐步转变成对自己估计不足，使自我认识在更广泛、更高层次的比较中更趋合理、成熟，逐步形成较为客观、正确的自我认识。在此基础上，找出差距，找准目标，进一步完善自己。

通过别人对自己的态度和看法以及自己与别人的交往来进一步完善自我认识、自我评价。有些方面优缺点自己是不容易感觉到，而周围的长辈

或同辈人是容易发现的。

因此，正确对待别人意见，主动征求别人意见，是使自我认识更趋完善、更趋客观的有效途径，也是使自己更趋成熟的标志。

从上述中学生人际交往的外在的社会作用和内在的心理作用的分析中，不难看出，正确、积极的人际交往对中学生的健康成长和在德、智、体方面全面发展的作用是极大的，意义是深远的。

误区 16：公共剧场不必太拘束

误区描述：娱乐场所本身就是放松身心的地方，干吗紧绷着呢？

分析与纠正：娱乐场所的确是放松身心的地方，但基本的公共礼仪和纪律还是要遵守的。

首先，应准时到达，如万不得已而迟到了，应跟随服务员悄悄进场，并且放低姿势，以免挡住其他观众的视线；对同排为你让路的观众，应轻声表示抱歉或感谢。

其次，进场要衣着整洁；场内不吸烟，不吃带响的食品，不乱丢果皮屑，不随地吐痰，以保持场内卫生。观看时，应主动摘去帽子，不影响后面观众观看；坐姿要稳定，不摇晃，不把脚踩在前排椅席上，不然，不仅会弄脏椅子或前排观众的衣裤，而且这种坐相本身也不够文明。

有些中学生在观看影剧和欣赏音乐会时，不注意保持安静，他们不是一时兴起跟着附唱，或附着节奏打拍子，说笑如常，就是充当"义务解说员"。这类坏习惯不仅影响了其他观众的观赏，而且也破坏了艺术观赏情趣。在影剧场，咳嗽、打喷嚏时应尽量压低声音，并用手帕等遮住鼻口。

对演员的劳动要尊重，节目演完应鼓掌表示感谢；对演员的偶尔失误，应取谅解的态度，不喝倒彩，不起哄，不吹口哨，不发嘘声怪声，不做有辱演员人格的事；对演得好的演员，可请他们"再来一个"，但应考虑到演员的体力和演出时间的限制，不应一再要求加演。演出结束时，应等演员谢幕后再离场；谢幕时，不拥挤，不围观。

在影剧场，不随便中途退场；如非走不可，可尽量在幕间轻轻离去，不要碰椅发出声响，不要站在过道上或堵住门口。

总之，在影剧场，要做到以其他观众为重，以演员、工作人员为重，注意文明，注意修养。

误区 17：别人不宽容我，我为何要宽容别人

误区描述：宽容是互相的，别人总是苛刻地对待我，我为什么要去宽容别人呢？

分析与纠正：人要学会宽容人。法国名作家雨果在《悲惨世界》中说："尽可能少犯错误，这是人的准则；不犯错误，那是天使的梦想。"的确，在人的一生中，有谁不犯错误，不办错事呢？当人们办了错事，作了对不起别人的事的时候，总是渴望得到别人的谅解，总是希望别人把这段不愉快的往事忘掉。反过来说，如果自己遇到别人有对不起自己的言行时，就应该设身处地，将心比心地来理解和宽容别人。俗话说："将军额上能跑马，宰相肚里能撑船。"这是劝人在为人处世中要豁达大度，对人宽容。

不要担心自己做不到。我们之所以非常在意别人的过错，通常是害怕自己若不这么做就会变得"软弱"。我们常在潜意识里担心——"原谅"是不是代表自己已经向对方妥协？"原谅"是不是就等于屈服在对方的错误之下？事实上，"原谅"没有那么难，也没有那么伟大。

"原谅"对方，表示你已经平静下来，不在情绪上和对方斤斤计较。

"过去就算了！"排除心中的疙瘩，将怨恨赶出情绪的牢笼，消极的意义，只是释放自己心中的负担而已，积极的意义，却是避免自己和别人再受到同样的伤害。

原谅并不代表重新接纳。原谅是情绪上的不计较；重新接纳却是要当做一切不幸或伤害没有发生过。后者比较接近宗教的思考，凡人很难做到。

你我都是凡人，没有必要勉强自己。拥抱敌人的确是痛苦的，我们都无须矫情。对方的过错，由他去承担。我们内心的爱与坚持，却必须靠自己在受伤之后重建！用"原谅"释放了怨恨，才能把怨恨转化为力量！

西奥多·凯勒·斯皮尔斯强调："如何宽容他人，这是我们需要学习的一种能力；我们不能将宽恕作为一种责任，或视为一种义务，而要把它当做似于爱的体验，他应自发地到来。"

一个人要想使自己生活更加美好，让自己的周围充满温情，就应当适当地让自己多宽容别人。当你觉得别人冒犯你的时候，你自己也想，我身上其实也有很多别人无法忍受的错误，需要得到别人的宽恕。

宽容不会失去什么，相反会真正得到：得到的不只是一个人，更会是得到一个人的心。正像明朝洪自诚所说："处世让一步为高，退步即进步的张本；待人宽容一分是福，利人是利己的根基。"《圣经》中有一句话："你待人当如人之待你。"西方人认为这是为人处世的"黄金规则"。因为这一规则贯穿这样一条规律：别人对待你的方式是由你对待别人的方式决定的。宽容是人类应该具有的一种修养，是一种美德。宽容来源于自信，来源于勇敢，来源于善良的心。宽容是融化人际间冰块的一剂良药。

北京潭柘寺内一副对联另有一番境界："大肚能容，容天下难容之事；开口便笑，笑世上可笑之人。"这副对联在宽容上强调的是要容天下难容之事。一般人要宽容一般的事，还比较容易；遇到难容的事，能够宽容的就不容易了。对待难容之事，需要"糊涂"一点。

当然，宽容并不排斥严格要求，在大是大非的问题上尤其糊涂不得，而在涉及个人恩怨的问题上，还是"糊涂"一点好。郭沫若和鲁迅之间"曾用笔墨相讥"，但在鲁迅逝世之后，他却不像有人那样趁"公已无言时"前去"鞭尸"，而是挺身而出捍卫鲁迅精神。同时，他还"深深自责"以前"偶尔闹孩子脾气和拌嘴"，他表示说："鲁迅先生生前骂了我一辈子，鲁迅死后我却要恭维他一辈子。"坚持原则，不计较个人恩怨，郭沫若表现了可敬的豁达大度的精神。廉颇向蔺相如"负荆请罪"的故事也是如此，蔺相如大事清醒，在小事（个人恩怨）上"糊涂"，因此能在"难容"之事上采取宽容的态度。

误区 18：怜悯残疾同学不是好事

误区描述： 过多的关心和怜悯只能让他产生更大的依赖心理，妨碍他的独立能力的培养。

分析与纠正： 残疾同学除了每天坚持学习，完成并不轻松的学习任务以外，同时还要忍受因残疾给他们的学习和生活带来的种种不便和痛苦。他们面对的困难比正常人要大得多，更需要得到同学们的关心和帮助。

要想关心和帮助残疾同学，就要先了解他们的心理特征。他们的心理特征主要有：

1. 自卑和孤独心理。

这是残疾人普遍的心理特点。由于生理和心理上的缺陷，使他们在学习、生活和就业方面遇到诸多困难，得不到足够的支持和帮助，甚至遭到厌弃或歧视，因此产生自卑心理。生理或心理上的缺陷，还会导致他们活动受限，无法进行正常的交流，缺少朋友，久而久之就会产生孤独感，这种孤独感会随着年龄的增长而逐渐增强。

2. 敏感多疑，自尊心过强。

残疾状态会导致残疾人注意力过度集中，过多地注意别人对自己的态度，对别人的评价极为敏感。别人对其不恰当的、甚至是无意的称呼，都可能会激起他们强烈的反感。如果他们的自尊心受到损害，就会当即流露出愤怒情绪，甚至采取过度自卫的手段加以报复。

3. 深刻的抱怨心理。

抱怨父母、抱怨领导、抱怨命运，认为天地之间，难以容身，人海茫茫，唯其多余。

4. 情绪不稳定，但富有同情心。

他们对外界的情绪反应强烈，容易与别人发生冲突。但残疾人对残疾人却有特别深厚的同情心，他们较少与非残疾人交流，除了"话不投机"的原因外，还与交流不方便有关。

了解他们的心理特征之后，我们应该怎样关心他们呢？

1. 我们要平等地对待他们，尊重他们的人格。

残疾同学容易产生自卑感，觉得自己某些方面不如别人，因而他们往往又特别敏感。有时同学们言行稍有不慎，便会自觉不自觉地伤害了他们的自尊心。因此，在与残疾同学相处中，同学们应明白，残疾仅是他们身体的缺陷，不是他们的缺点。

这种缺陷是他们无法改变，也不可能"改正"的，责任不在他们。他们以残疾的身躯承担了和我们同样重的学习任务，付出了比我们大得多的努力，他们身残志不残，勇敢地向命运挑战，应该值得我们学习和敬佩。

2. 在思想上要与他们多交流、多沟通，做他们的知心朋友。

残疾同学的身心压力一般比正常人大，痛苦也多，对别人的戒备心也比较强。他们一般不大会主动与同学交朋友，唯恐遭到冷遇。因此，同学们要主动与他接近，敞开心扉，与他们多交流、多沟通、遇事多为他们着想，做他们的知心朋友。

3. 要根据他们的需要，及时地给予各种形式的帮助。

帮助残疾同学要根据他们的需要去做，不可事事包办、代替，那样反倒会适得其反，伤了他们的自尊心。例如：对行走不便的同学，可根据他们的具体情况，用自行车接送他们上学、放学；或帮他们背书包，陪他们一道步行；背他们过河，搀扶他们上下楼梯等。需外出集体活动时，也尽可能地接送他们一起参加，使他们感受到集体的温暖；对手不方便的同学，可帮他们削铅笔，吸墨水、拿物品等。

平时，要注意做好周围同学的思想工作，动员大家一起来帮助残疾同学，从而形成一种良好的班风，使残疾同学生活在一个温暖的大家庭中。

4. 要坚持正义，主动维护残疾同学的合法权益。

有一些人的道德水平不够高，他们对残疾人抱有歧视和偏见，使残疾人的人格和合法权益不能得到充分尊重和保障。因此，我们见到有人对残疾同学不够尊重，甚至有侮辱性的言行时，要挺身而出，伸张正义。对有损残疾同学合法权益的事情要坚决斗争，同时要向有关人员和单位宣传《残疾人保护法》，保护残疾同学的合法权益。

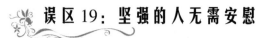

误区 19：坚强的人无需安慰

误区描述：很多时候人家并不痛苦，你一安慰反而在心理感觉成了很痛苦的事情了。

分析与纠正：当朋友伤心难过时，很多人要么好言相劝"别哭了，坚强点儿"，要么帮助分析问题，告诉他"你应该怎么做"，还有人会批评对方"我早就给你说过……"。其实，这些做法不仅不能使人得到安慰，还会使对方更加伤心。因此，安慰人也要讲心理技巧，要根据对方的心理活动，给予最贴心的抚慰。

1. 要倾听对方的苦恼。

由于生活体验、家庭背景、人生经历等不同，形成了每个人对于苦恼的不同理解。因此，当试图去安慰一个人时，首先要理解他的苦恼。安慰人的时候，听比说要重要。一颗沮丧的心需要的是温柔聆听的耳朵，而非逻辑敏锐、条理分明的脑袋和伶牙俐齿。

聆听是用我们的耳朵和心去听对方的声音，不要追问事情的前因后果，也不要急于做判断，要给对方空间，让他能够自由地表达自己的感受。聆听时，还要感同身受，让对方会察觉到我们内心的波动。如果我们对他的遭遇能够"悲伤着他的悲伤，幸福着他的幸福"，对被安慰者而言，这就是给予他的最好的帮助和安慰。

此外，还要允许对方哭泣。哭泣是人体尝试将情绪毒素排出体外的一种方式，而掉泪则是疗伤的一种过程。所以，请别急着拿面巾纸给对方，只要让他知道你支持他的心意。

2. 要接纳对方的世界。

安慰人时最大的障碍，常常在于安慰者无法理解、体会、认同当事人所认为的苦恼。人们容易将苦恼的定义局限在自我所能理解的范围中，一旦超过了这个范围，就是"苦"得没有道理了。由于对他人所讲的"苦"不以为然，安慰者往往容易在倾听的过程中产生抗拒，迫不及待地提出自己的见解。

因此，安慰者需要放弃自己根深蒂固的观念，承认自己的偏见，真正站在对方的角度去看他所面临的问题。心理专家说的"放下自己的世界，去接受别人的世界"，就是这个道理。最好的安慰者，是暂时放下自己，走入对方的内心世界，用他的眼光去看他的遭遇，而不妄加评断。

3. 要探索对方走过的路。

安慰者常常会感到自己有义务为对方提出解决办法，帮助对方找到应该走的路。殊不知，每个被苦恼折磨的人，在寻求安慰之前，几乎都有过一连串不断尝试、不断失败的探寻经历。所以我们所要做的应该是，探索对方走过的路，了解其抗争的经历，让他被听、被懂、被认可，并告诉他已经做得够多、够好了，这就是一种安慰。

心理专家提醒安慰者一个重要的观念："安慰并不等同于治疗。治疗是要使人改变，借改变来断绝苦恼；而安慰则是肯定其苦，不试图做出断其苦恼的尝试。"实际上，在安慰人的过程中，所提供的任何解决方法都很可能会失灵或不适用，令对方再失望一次，故而不加干预、不给见解、倾听、了解并认同其苦恼，是安慰的最高原则。

另外，陪对方走一程也是一种安慰。对方会在你的陪伴下，觉得安全、温暖，于是倾诉痛苦，诉说他的愤恨、自责、后悔，说出所有想说的话。同时可以为对方打几通电话，联结人脉；也可以找相关的书籍给他们阅读；或是干脆提供一个躲避的空间，让他们得以平静地寻找自己的答案。当他经历完暴风雨之后，内心逐渐平静下来，坦然面对自己的遭遇时，他会真心感谢你的陪伴。

误区 20：只要尽力了就问心无愧

误区描述：很多事情我们无力左右，只要尽力了，即使失败了也问心无愧。

分析与纠正：每个人都有惰性，而且善于为自己寻找借口。许多人做事凭着自己的三分钟热情，没有恒久的毅力，也没有吃苦耐劳的精神。做小事，这种热情绰绰有余；做事业，这种热情远远不足。做不成功，他还理直气壮地说:"我已经尽力了。"

无论从事何种工作,一定要全力以赴、一丝不苟。能做到这一点,就不用为自己的前途操心。一个人要做一件事情的时候,就要全力以赴地去做,到最后,就算事情失败,也不会觉得问心有愧,也不需要找任何理由来掩饰自己的失败,更不会给自己留下遗憾。

马林只会说几句英语,他前往美国某家大型的餐饮连锁店应征。经理看他一副可怜兮兮的样子,起了怜悯之心,也就不因为他不会说英语,而拒绝给他工作的机会,经理顺口便问:"刷洗厕所的工作,你愿意做吗?"

马林的态度很认真,勉强听懂了经理的话,连忙点头说道:"好的!好的!谢谢你!谢谢你!"说完,便到总务那儿领了刷子和清洁剂,开始去清洗厕所。

说了也许难以令人相信,经过马林用力刷洗后的厕所,进去一看,所有瓷砖就好像镜子一样,亮晶晶地闪烁着光芒。

有一天,这家餐饮连锁店的总裁,到这家分店来巡视。经验丰富的总裁,根本不急着看店内的其他地方,而是径直便往厕所走去。

进了厕所,总裁很惊讶竟然是如此干净明亮。他巡视过的几百家分店,从没见过这么耀眼动人的厕所。

当下总裁马上询问经理,这厕所是谁打扫的。经理回答,是个新来的杂工马林。于是,总裁第一时间召见他,问他说:"你的工作只是扫厕所,做出这样的成果,对你来说,会不会觉得太过分了?"

马林立刻回答:"不会,我觉得很高兴啊!我认为厕所是每个人、每天都必须去好几次的地方,所以我愿意全力以赴地来刷洗,希望能让每一位使用厕所的人,都有心旷神怡的感觉。"

总裁一听之下,心想小事情都能做得这么好,如果让他当上经理,整个分店一定会更好。所以真的马上将他调职,到邻近业绩最糟糕的一家分店担任经理,果然,几个月后,马林负责的那个分店成为餐饮连锁店业绩较好的分店之一。

的确,凡事全力以赴,不仅能给自己带来满足的成就感以及无比的好运道,同时也能够影响到周遭的许多人,让他们也得到激励。

不管做什么事情,最终都会在生命旅程里留下沉淀的东西,在你将来

生活的某一刻发挥出意想不到的作用，对你将来的工作，都是有帮助的。如果在每一个阶段，你留下的印记都不清晰，那么，这段生命对你而言，有什么意义？假如你一辈子都没有找到所谓你想做的事呢？那你一辈子岂不是稀里糊涂地就过完了？老的时候，你会怎样的后悔呢？认真对待今时今日每一刻，才是对自己生命的珍惜。

凡事一定要全力以赴，这是一种人生态度，而态度是养成的，一旦养成了全力以赴的态度，人其实是很容易成功的。

处事篇

误区1：事事都去较真

误区描述：只有认真才是负责任的态度。

分析与纠正：怎样做人是一门学问，甚至用毕生精力也未必能看出个中因果的大学问，多少不甘寂寞的人穷原竟委，试图领悟到人生真谛，塑造出自己辉煌的人生。然而人生的复杂性使人们不可能在有限的时间里洞明人生的全部内涵，人们对人生的理解和感情又总是局限在事件的启迪上，比如做人不能太较真便是其中一理，这正是有人活得潇洒，有人活得累的原因之所在。

做人固然不能玩世不恭，游戏人生，但也不能太较真，认死理。"水至清则无鱼，人至察则无徒"，太认真了，会对什么都看不惯，连一个朋友都容不下，把自己同社会隔绝开。镜子很平，但在高倍放大镜下，就成凹凸不平的山峦；肉眼看很干净的东西，拿到显微镜下，满目都是细菌。试想，如果我们"戴"着放大镜、显微镜生活，恐怕连饭都不敢吃了。用放大镜去看别人的毛病，恐怕那家伙已罪不容诛、无可救药了。

人非圣贤，孰能无过。与人相处就要互相谅解，经常以"难得糊涂"自勉，求大同存小异，有度量，能容人，你就会有许多朋友，且左右逢源，诸事遂愿；相反，"明察秋毫"，眼里不揉半粒沙子，过分挑剔，鸡毛蒜皮的小事也要论个是非曲直，容不得人，人家也会躲你远远的，最后，你只能关起门来"称孤道寡"，成为使人避之唯恐不及的异己之徒。古今中外，

凡能成大事的人都具有一种优秀的品质，就是能容人所不能容，忍人所不能忍，善于求大同存小异，团结大多数人。他们拥有宽广的胸怀，豁达而不拘小节，大处着眼而不会目光如豆，从不斤斤计较，纠缠于非原则的琐事，所以他们才能成大事、立大业，使自己成为不平凡的伟人。

但是，如果要求一个人真正做到不较真、能容人，也不是简单的事，首先需要有良好的修养、善解人意的思维方法，并且需要从对方的角度设身处地地考虑和处理问题，多一些体谅和理解，多一些宽容，就会多一些和谐，多一些友谊。比如，有些人一旦做了官，便容不得下属出半点毛病，动辄捶胸顿足，横眉立目，属下畏之如虎，时间久了，必积怨成仇。想一想天下的事不是你一人能包揽的，何必因一点点毛病便与人赌气呢？如调换一下位置，训人的人也许就理解了训人不妥。

有同事总抱怨他们家附近副食店卖酱油的售货员态度不好，像谁欠了她二百吊钱似的。后来同事的妻子打听到了女售货员的身世：丈夫有外遇离了婚，老母瘫痪在床，上小学的女儿患哮喘病，每月只能开二三百元工资，一间 12 平方米的平房。难怪她一天到晚愁眉不展。这位同事从此再不计较她的态度了，甚至还想帮她一把，为她做些力所能及的事。

在公共场所遇到不顺心的事，实在不值得生气。素不相识的人冒犯你肯定是有原因的，不知哪一种烦心事使他这一天情绪恶劣，行为失控，正巧让你赶上了，只要不是侮辱了你的人格，就应宽大为怀，不以为意，或以柔克刚，晓之以理。总之，不能与这位与你原本无仇无怨的人瞪着眼睛较劲。假如较起真来，大动肝火，刀对刀、枪对枪地干起来，酿出个什么后果，那就难说了。跟萍水相逢的陌路人较真，实在不是聪明人之举。假如对方没有文化，一较真就等于把自己降低到对方的水平，很没面子。另外，对方的触犯从某种程度上是发泄和转嫁痛苦，虽说我们没有分摊他痛苦的义务，但客观上确实帮助了他，无形之中做了件善事。这样一想，也就容过他了。

有位智者说，大街上有人骂他，他连头都不回，他根本不想知道骂他的人是谁。因为人生如此短暂和宝贵，要做的事情太多，何必为这种令人不愉快的事情浪费时间呢？这位先生的确修炼得颇有城府了，知道该干什么和不该干什么，知道什么事情应该认真，什么事情可以不屑一顾。要真正做到这一点是很不容易的，需要经过长期的磨炼。如果我们明确了哪些事情可以不认真、可以敷衍了事，我们就能腾出时间和精力，全力以赴认真去做该做的事，成功的机会和希望就会大大增加。与此同时，由于我们变得宽宏大量，人们就会乐于同我们交往，我们的朋友就会越来越多。事业的成功伴随着社交的成功，应该是人生的大幸事。

误区2：过去的事情无论对错都不要去想了

误区描述：过去的已经过去了，何必去想它呢？想了也没用，不可能从头再来。

分析与纠正：人是随着时间而成长的，不仅形体如此，心智也是如此。10 年前也许你认为金钱万能，只要有了钱就拥有了世界。5 年前你可能认为唯有事业成功这一生才算是没有白过。现在呢？或许你会觉得唯有心境愉快才是生命的最终意义。

不管这 10 年来的改变如何，也不管改变是正面还是负面的，你都得反省反省。因为至少你知道自己是个什么样的人，也会了解为什么会有这样的变化。

大多数人就是因为缺乏自省能力，不晓得自己这些年以来的转变，才看不清楚自己的本质。而一个不晓得自身变化的人，就无法由过去的演变经验来思考自己的未来，只能过一天算一天。

我们的一切作为都和环境息息相关，过去的变化以及未来的动向都是和环境互动的结果。要是不能以正确的看法来解读外在环境，也就无从定位自身所处的立场。

如果能随时反省自己过去的转变，就可以找出以往看待事物的观点是对是错，若正确，往后则继续以此眼光去面对这个世界；万一是错的，也可以加以修正。如此，则可以帮助你往后以正确的观点去看待周遭的事物。

有空时多想想吧！请随时自我反省，因为良好的心态有益于健康。

你在学习中因一时疏忽而挨了老师的批评，上学时发现自行车的气门芯被人拔掉……人生中常有一些让人心烦的琐事。所以，我们必须善于调

整心态，否则，就会损害你的健康，并引起各种疾病。

保持乐观情绪。俗话说，"笑一笑，十年少"。乐观的情绪不仅能使你保持青春活力，还有助于增强机体免疫力，使你免受疾病的侵袭。

坦然面对现实。在快节奏的都市生活中，人们会面临种种压力，勇敢地面对现实，把压力当做是一种挑战将更有利于身心健康。

要抛弃怨恨，学会原谅。怀有怨恨心理的人情绪波动较大，不是抱怨，就是后悔；不是对人怀有敌意，就是自暴自弃。这样容易患心理障碍，所以，平时应学会能抛弃怨恨，要原谅别人，更要原谅自己。

要热爱生活。当一个人患病时，热爱生活的人会多方听取医生的意见，积极配合治疗，并能消除紧张情绪。

富有幽默感。有人称幽默是"特效紧张消除法"，是健康人格的重要标志。许多健康的事业成功者，都具有幽默感。

善于宣泄不良感情。不善于用语言来表达自己的忧伤或难过等感情的人容易患病，而压抑愤怒对机体也同样有害，更不能用酗酒、纵欲等不健康的生活方式来逃避现实。伤心的人痛哭一场，或与知心朋友谈谈心，或参加激烈的体育运动后，常会感到心情舒畅。这就是宣泄感情的意义。

拥有爱心。拥有爱心不仅会使世界变得更美好，而且会更有助于自己的身心健康。乐于助人还可使你广交朋友，这不仅是人生的一大乐事，还会使人更长寿。

误区3：人生观无所谓正确与错误

误区描述：每个人都有自己的人生观，各不相同，何为正确与错误？以谁的为标准呢？

分析与纠正：人生观是人们对人生的根本看法，是世界观的组成部分。其主要内容有三个方面：人生的目的，即人究竟为什么活着；人生的价值，即怎样的人生才算有意义；人生的态度，即怎样做人、做一个什么样的人。

青少年正处在人生观形成的过程中，在这方面可塑性是很大的。思想政治课《科学人生观》的教学，对于同学们奠定科学人生观的基础无疑有很大的作用。大多数同学都能正确理解科学人生观的道理，愿意为人民服务，知道应该正确处理个人和社会、个人和他人的关系，懂得应在现代化建设中为祖国建功立业，以实现和提高自己的人生价值。

但是社会上的不正之风、腐败现象、利己主义、"一切向钱看"的思想，也给同学们很不好的影响，使他们对科学人生观的道理发生怀疑，或者认为那些正确道路只是"说说而已"，在社会上"行不通"，实际上"做不到"。追求个人利益，计较个人得失，追求物质享受，是一些同学表现出的思想倾向。

人生观就是对人生的目的、内容和意义的根本看法和态度。邓小平同志指出："世界观的根本问题是为谁服务。"我们只有通过学习、实践，才能真正明确：我们为什么活着？怎样活才有意义？怎样做人？我们只有在实践中树立起为人民服务的思想，把为绝大多数人谋利益作为人生最高目的和最大幸福，我们的人生观才算是培养好了。

学生时代是人生发展的最为关键的时期。时代要求我们要在学习生活各方面全方位面对和思考如何正确处理个体与社会的关系等一系列重大问题。我们要学会生存、学会学习、学会创造、学会奉献，这些都是我们将来面向社会和生活所必须具有的最基本、最重要的品质。

其中，最核心的就是学会如何做人，学会做一个符合国家繁荣富强与社会不断进步发展所需要的人格健全的人；学会做一个能正确处理人与人，人与社会，人与自然关系并使之能协调发展的人；做一个有理想、有道德、有高尚情操的人。一句话，做一个有利于社会、有利于人民、有利于国家的人。这就要求我们每个在校学生，必须从现在做起牢固树立正确的人生价值观。

1. 正确地对待权力、地位、金钱。

"我哪有什么财富呢？作为一个学生，买不起车，买不起房，有时学费都交得紧紧张张，日子过得紧巴巴的，你看人家……"经常有人发出这样的感慨，其实我们对财富理解片面了。财富并不只是权力、金钱，它们只是财富中比较引人注目的一种而已。

人的一生如潮起潮落，起伏难定，在潮头风光时要看到落到潮底的危险性，在潮底的时候则要有向高峰冲击的信心和行动。世界上什么样的奇

迹都可能发生，其前提只有一点：我还活着，我要努力行动，我有信心，这是人一生中最最宝贵的财富。你没什么大出息，可是你毕竟考上了大学，前途光明。家很温暖——这份亲情是财富，终生值得珍惜。

虽然你没有发财又很想发财，但没有去偷去抢去骗去胡作非为，勤俭持家，虽然不富裕，可还是乐于助人，亲戚关系融洽，同学朋友们喜欢与你在一起——这种善良品德、气节操守、为人处世也是你弥足珍贵的财富。我们也许没觉察到它们的重要，但它们终究会给你一份回报。

你的抱怨表示你对现状有所不满意，你在试图努力改变它们，在追求你想要的东西。这种欲望、上进心也是财富。也许现在的不如意、逆境、挫折乃至苦难都让你觉得难过，但这都是你的财富！

人们常说，苦难是最好的学校，古今中外，凡成就大事业者，无一不是从苦难中走来的。在逆境中，我们会经受各种考验与锤炼，百炼成钢，成就我们非凡的意志品质和能力，"苦费心志，劳其筋骨，增益其所不能"。逆境并不可怕，可怕的是你把它看成结局而不是过程。

2. 正确处理理想与现实的关系。

人是生活在现实和理想、物质和精神的世界之中的。现实世界、物质世界是人得以生存和发展的基础，理想世界、精神世界则是人生活的动力和价值取向。推动任何一个世界，都不能算是真正人的生活。我们主张每个人都应该有他一定的物质利益，反对的是将个人利益置于社会利益之上，唯利是图、损人利己。

我们提倡的是将理想和现实、精神和物质统一起来，将个人利益和集体利益结合起来，把个人理想融入全体人民的共同理想当中，把个人的奋斗融入到为祖国社会主义现代化建设事业的奋斗当中。

树立正确的、科学的价值观，不仅要有马列主义、邓小平理论、"三个代表"等正确的理论为指导，更要勇于实践，在具体的学习生活实践中培养、形成和提升自己崇高的人生价值观。

学生是作为未来社会建设者的一支重要生力军，影响学生人生价值观形成和发展的因素必然是多方面的，不仅需要调动社会、学校、家庭等各方面的积极性，共同做好工作，更需要我们每个学生自觉实践，勇于探索，读书好学，多思好问，革新创造，特别是注意要从点滴做起，从身边小事做起，求真务实，把学校和党组织的思想政治教育渗透到我们的日常学习、生活的各个环节之中，加强社会价值的行为规范，经过价值实践的反复强化，锻炼敏锐的思维，形成良好的判断能力，进而确立正确的人生价值观，努力使自己成为21世纪社会发展需要的那种会生存、善学习、勇于创新的复合型人才，这样才能在整体上有效帮助我们每个学生树立正确的价值观，摆正社会价值和个体价值、道德价值和功利价值关系，确实地肩负起建设有中国特色社会主义现代化的伟大使命，真正实现人生的价值。

误区4：无须处理理想与现实之间的矛盾

误区描述：所谓理想，一定是超越现实的，因此，理想与现实之间必然是有矛盾的，而且是难以调和的。

分析与纠正：青少年富于幻想，有远大的理想和信念，对未来充满美好的向往。但是他们又是急躁的理想主义者，不能够正确估计现实生活中可能遇到的困难和阻力，以致在学习、情感等问题上遭受挫折，或见到生活中的一些丑恶现象，就容易引起激烈的情绪波动，产生严重的挫折感，有的青少年甚至感到悲观失望，严重的更是陷入绝望境地而无法自拔。

1. 我们必须认识到理想应该是崇高的，崇高的理想是人从事一切活动的支柱。有时理想碰到实际问题，人们会感到理想与现实的矛盾很大。理想高于现实。理想和现实，确实存在着矛盾。因为理想本来就是人们对未来的美好目标的合理想象，它源于实践，高于实践，又能指导实践。从某种意义上说，这种矛盾正是历史前进的动力。

2. 要辩证地看待现实。应该承认矛盾，正视现实中存在的种种不合理现象。目前社会上确实存在着个人主义、金钱万能、享乐至上的腐朽的思想，在国家机关和干部中存在着官僚主义，以权谋私、索贿受贿等丑恶现象，但这绝不是我们党，我们社会的本质和主流。恰恰相反，正因为社会上还存在这些腐朽思想和丑恶现象，才更需要我们坚定信念，不懈追求，为人们向往的人与人之间的团结友爱、赤诚相见、风雨同舟、患难与共的局面的形成作出巨大的努力。

此外，我们还应该看到今天的社会主义祖国，光明的、积极的、奋发向上的一面毕竟是主流，代表现实社会的主导方面。因此，我们要正视现实又不屈从现实，坚信真理定能战胜谬误，正义终将战胜邪恶。

3. 理想境界的实现要靠我们去奋斗。理想应该是崇高的，而崇高理想又是包含在活生生的现实中。理想与现实的最佳结合就是放眼未来，立足现实，搞好本职，尽力贡献，以我们的创造性劳动来缩短理想与现实的距离，努力将理想逐渐变为现实。对中学生来说，就是应该珍惜时间，刻苦学习，掌握实现理想的实际本领，做到德、智、体、美全面发展，努力使自己成为在知识上有力量的人。

青年学生是祖国的未来和希望，建设高度文明的社会主义现代化强国的重任已经历史地落在青年一代肩上，每一个有理想、有抱负、有志气的青年都应从我做起，从现在做起，从小事做起，积极投身改革实践，为实现生活的理想而理想地生活，追上未来，把未来变为现实。

误区5：培养高度的责任感是一句空话

误区描述：权利、责任和义务是相关联的，没有给我们对应的权利，却要我们只尽责任和义务，这样的要求很荒谬。

分析与纠正：责任感，它是健全人格的重要组成部分。是指个人对自己和他人、对家庭和集体、对国家和社会所负责任的认识、情感和信念，以及与之相应的遵守规范、承担责任和履行义务的自觉态度而产生的情绪体验。责任感的培养是一个人健康成长的必由之路，也是一个成功者的必备条件。一个人的学识、能力、才华很重要，但缺乏责任感、责任意识、责任心，就不堪入用。那么怎样培养自己的责任感呢？

同学们随着年龄的增长，逐步形成了一种责任能力，能从自己在社会生活中所处的地位，认识自己所承担的社会责任，辨认自己行为的后果，并能控制自己的行为。人们一旦正确地认识和理解到自己应负的社会责任，就会在思想上把它当做分内的事，从而产生一种强烈的情感，并逐步形成意志和信念，自觉自愿地、积极主动地、创造性地去担负起自己的社会责任来。

同学们在求取知识与技能过程中的积极的心态，就是同学们对学习的责任感，它体现在把学习知识、掌握技能认定为是自己对社会应尽的义务和责任，并形成一种持久而稳定的心理与行为特征。

在家庭当中也培养自己的责任感，首先应该让自己成为家庭的主人。学生也是家庭的一员，完全可以承担自己该承担的家庭劳动任务，如扫地、拿碗筷、抹桌子、整理自己的小房间等，做到自己的事情自己做，家里的事情帮着做。明确了自己作为家庭的一员，为家里出一份力，这也是培养责任感的重要方面。

人们自觉履行自身的义务，合乎道德需要，是为了有价值地生活，即对社会有所贡献。所以在平时，我们要注意培养自己热爱劳动、爱护公物、遵守社会公德和秩序，保守国家机密，拥护中国共产党和社会主义制度，维护国家的尊严，保卫和建设祖国，敬老爱幼、赡养父母等，这些都是培养自己责任感的重要途径。

另外，我们必须注意从点滴做起，来培养社会责任感，如认真完成老师留下的作业，认真复习并预习好下次课程的内容；懂得学习责任感与学习目的是一致的；经常去做对他人、对集体尽责的实事；通过社会活动、社会实践的陶冶，强化学习责任感和道德责任感，达到自觉、自愿地产生责任感的良好效果。

没有独立于社会之外的人。责任感是我们成人意识的重要组成部分，真正融入社会的基本前提之一，就是培养自我的责任感。

误区6：追求自我完善就是磨去身上的棱角

误区描述：所谓自我完善，就是改掉身上的缺点毛病，让自己变得圆滑老练。

分析与纠正：青少年朋友正处在人生的早春时节、成型时期。谁不希望自己是一个消除了种种缺点、弱点、不足，获得了全面发展的完善的人呢？虽然我们知道绝对完善的人是不存在的，但作为有主观能动性的人，

特别是具有强烈的自我塑造欲望的青少年朋友，不断地追求尽可能的自我完善、不断克服自身缺点不足、不断得到新的发展，却是完全可能做到的。这就需要我们：

1. 要树立远大的、崇高的理想。

自我的理想应合乎自己的基本情况，合乎社会的要求，又应是高境界的，这样才能引导我们不受干扰，积极面对人生，向着目标迈进。它将使我们充实，它将引我们走向成功，它将推动我们个体的不断完善。

2. 要加强自身的道德修养水平。

继承我们中华民族优秀的传统美德，并与现代社会的新道德修养有机结合，如必要的文明礼貌、高雅的言谈举止、自觉的社会公德心、诚挚的爱心、高尚的为人民服务思想等，若具备我们之身，必然使我们的形象大为改善，人格魅力十足，使自我不断走向完善。

3. 努力提高、实现自己的价值。

投身到集体之中、社会之中，投身到积极向上的社会生活之中，去提高自己的价值，去实现自己的价值，去用自己的价值为他人、为集体、为社会做出贡献以升华自己。完善的人不是故步自封的人、不是孤芳自赏的人、不是自私自利的人、不是庸碌无为的人，而是有能力实现自己价值的人。

4. 在实践中学会自我评价，发扬优点、长处，改正消除缺点、不足。

只有充分地、客观地、准确地认识到了自身的优劣，所谓"自我完善"才能落到实处。当然这里所说的自我评价，并不排斥来自外界的反映、来自社会的要求。说"自我评价"是强调我们自己必须清醒地认识自己。

5. 积极地学习、掌握、运用、发展知识和技能。

完善的人不是无知、空虚、浅薄的人，这就需要我们抓住大好时光，学习、学习、再学习，用人类一切文明成果丰富自己、充实自己，去占据人类社会发展的制高点并继续攀登。

我们应该在自身成长定型的关键时期，按照社会的要求、理想的人生目标去努力进行自我改造、自我完善。

误区7：人无所谓气度不气度

误区描述： 其实，人无所谓气度不气度，你越在意什么，就越计较什么，你不计较的，只是你不在意的事情而已。通常，做大事的有大理想的人，不在意小节小利，所以显得有气度。

分析与纠正： 有的人气量狭隘，受不得半点委屈，例如在听到别人的批评与事实稍有出入时，或是火冒三丈，暴跳如雷；或是垂头丧气，一蹶不振；或是自尊心受到侵犯，斤斤计较个人得失，丝毫不肯让步；有的人甚至怨恨难消，走上轻生的绝路。但是也有的人气量宏大，胸襟开阔，对于别人的批评责难，能十分宽容、忍让，听得进反面意见，对于误会毫不介意，能委曲求全，以大局为重。

气量的狭隘与宽容，并不是一个人的秉性，而是思想修养程度的不同。气量狭隘的人一方面是自尊心强，容不得别人对他说长道短；一方面又因眼光短浅，私心较重，在是非利害面前，不愿有丝毫亏损。气度宽宏的人也有自尊心，但能尊重他人，对于误解，善于忍让等待而不急于辩白、还击。另外，他们站得高、看得远，处处以党的事业、人民的利益为重，对于个人得失，就能处之泰然。

气量狭隘怎么办？既然气量不是天赋的，那就一定能从加强思想修养着手，开阔眼界，扩大胸怀，把自己锻炼成为一个气度宏伟的人。

首先思想上要树立全局的观点，事事以党的事业、人民的利益、集体的利益为重，眼光要看得远，要看到大范围：先是国家民族，然后才是局部利益、个人利益，一切服从整体。时间也有个大范围：今天、明天、后天、今年、明年、后年，遵循事物发展的必然程序来谋求解决，不能违反客观规律急于求成。

其次，在对待同学、老师、亲友之间的关系上，也要处理好。原则是：严以律己、宽以待人。俗话说：将军额头能跑马，宰相肚里好撑船。在学习、生活上，应该互相信任、互相谅解、互相帮助；受到误解和委屈，只能是推诚相见，而不能一味心存芥蒂，怨气冲天。

从心理学的角度来看，得到称赞和尊重，是人的基本需要。人都希望自己的工作、才能、成就受到社会的重视，被别人认可，希望有自己一定的社会地位，有应得的名誉，受到别人的尊重和认可。但是现实生活中，我们会遇到相反的意见，会遇到不喜欢我们的人，会遇到批评。如何来接受？

1. 分析持反对意见人的心理。

反对意见人的心理特点往往是：他是从个人的角度和利益出发吗？涉及到个人利益，有的人就会偏激地反对和否定你。如果遇到这类情况，不是客观公平地看待你，那么用理解和宽容去接受。同时，为他的无知感到幼稚。如果对方的反对是在彼此理解的基础上，从大局出发的，那么我们应该认真接受批评和建议，吸收精华，改进自我。

2. 克服完美主义。

从相对论来说，世界本身永远也无法统一，美和丑，善和恶，光明和黑暗，幸福和痛苦，这些矛盾组合都是永远并存发展的。因此我们走出门去，遇到喜欢我们的人，也会遇到不喜欢我们的人。同样，我们会和自己喜欢的人一起合作，也会有不喜欢的人和我们相处。我们无法要求我们的眼睛看到的都是美丽，也无法要求全世界的人都喜欢自己。理解和接受了矛盾的本身存在，也就理解了别人攻击和反对的正常性，理解了矛盾，坦然，而平静。

3. 正确地评价自我。

面对批评，不是自卑，放弃，灰心，伤感，而是正确地评价自我。换个角度，心决定路。自我的正确认识，对保持健康的心态很重要。就是我们在根据有关信息、线索对自我进行评价的时候，往往会受到他人的影响，情绪的影响，外界压力的影响，同时会从本人的经验归纳出对自我的看法和观念，有时候就不免偏激。认识到这一点，评价自我就需要冷静的头脑。

误区8：在难题面前可以选择放弃

误区描述：遇到难题，你成功了，叫百折不挠、坚持到底；你失败了，叫刚愎自用、不到黄河心不死。话都是人说的，怎么说在你。

分析与纠正：良好的意志品质（毅力属于其中）是我们同学现在和将来的人生中不可缺少的一种可贵的心理品质，我们都应着力培养自己具有这种品质，特别是面对难事难题时。那么，怎样去培养呢？我们不妨先了解意志、毅力的三个特征：①具有一定的自觉目的；②在克服困难的过程中表现出来；③以一种受意识支配的、具有一定方向性的行动为基础。我们可以针对这样的特征相应地来努力：

1. 加强目的性，强化正确的动机。

形成高尚的，伟大的信念、理想、人生观和世界观对培养意志毅力具有头等重要的意义；培养强烈的荣誉感、责任感、义务感和道德感也对培养意志毅力起着不可低估的作用。否则的话，干吗要去克服困难做到某事呢？所以说，伟大的目的产生伟大的毅力，强烈的动机推动有力的行动，高尚的情感孕育坚定的意志。想培养良好意志品质的同学应从此根本着手。

2. 从小事做起，从易事做起，从现在做起，逐步到大、到难、到未来。

通过一个过程培养自己形成坚毅、顽强的品质。在我们的任何学习、劳动、科技活动、文体活动中，都可以作为提供的机会进行为达一定目的而克服某种形式、某种程度的困难取得成功的锻炼，如标题中说的"难事难题"。

通过日常的、具体的实践来磨练自己，是培养意志品质的基本途径，竺可桢几十年坚持每天记气象日记，就是小事磨练意志的典型。我们可以先克服小困难，逐步克服较大的困难，直至巨大的困难。就从克服睡懒觉开始、就从不完成今天的学习任务不睡觉做起吧，你的毅力会逐渐增强的，会逐渐形成坚决克服困难的习惯的。

3. 自我暗示、自我激励、自我奖惩，促使意志品质的加强。

如"考验你的时候到了"、"你是懦夫还是勇士，就看困难跟你谁压倒谁了"等等，如表现出一定毅力则对自己表扬一番、进行某种嘉奖，反之

则自我批评和进行某种惩罚，这些也有助于意志、毅力的培养。

4. 兴趣带来毅力。

陈景润能埋头于"哥德巴赫猜想"的枯燥运算中十多年最终取得成就，正是对于数学的浓厚兴趣所致，不自知其苦，不必畏其难，兴趣所在，毅力随之，这样的例子不胜枚举。因此，我们中学生要有意识地培养自己在诸多方面的兴趣，由感觉而生兴趣、由需要而生兴趣、由理智而生兴趣，对于许多事"乐在其中"，从事这些事的过程中即使有困难也能克服，于是毅力就自然产生了。这是一种理想的境界，但完全可以达到。

5. 坚持体育锻炼。

坚持体育锻炼对培养意志也有极为重要的意义，因为：①"坚持"本身就是坚强意志的重要组成部分，许多体育锻炼"三天打鱼，两天晒网"或半途而废的人，归根到底就是缺少"坚持"二字，从这个意义上来说，学生什么时候能真正坚持体育锻炼了，他的意志也就坚强了。②体育运动是一项磨炼意志、锻炼意志的有效形式，体育活动更需要意志力的配合和参与。因此，我们可以在不影响学习的情况下积极参加各项体育运动，并且要坚持到底，这样，既锻炼了身体，也锻炼了意志力。

以上这些归根结底，还是需要我们自己主观上的认识、自主性的行动来一一落到实处，不愿经过努力、只想现成拥有显然不可能。

误区9：意志和毅力是不可学习的

误区描述：认准一条道走到黑的人，就是具有坚忍不拔的性格的人。这是天生的性格。

分析与纠正：人生的道路总有坎坷，有时是严峻的挑战和重大的考验，平时看不出多大差别的人这时可能迥然不同：有的人被压倒，被迫退缩、放弃；有的人坚定不移，迎接挑战和考验。我们说，在后者身上，具有一种可贵的意志品质——坚韧不拔，可以预期他们必将驾着生命之舟，把定航向，越过激流险滩，到达胜利彼岸！同学们一定很希望能像这样的人，很希望培养自己能有这种意志，为将来走向社会、干一番事业打好基础，那么应当注意从哪些方面着手呢?

1. 强烈的目标意识和使命感。

一个人的意志之所以能够坚韧不拔,首先是因为他意识到自己的目标、要求,清楚地越过眼前重重困难看到远处成功的召唤。有了一个对自己有无限吸引力的目标或者认为目标的实现具有着重大的意义,将极大地激发人们动员起全部力量去克服困难,愿意付出一定的代价而并不特别挂怀、反复权衡。

2. 强烈的自信心。

成就事业就要有自信,有了自信才能产生勇气、力量和毅力。具备了这些,困难才有可能被战胜,目标才可能达到。相信自己有能力、有决心实现计划,可以在这个过程中不断自我鼓励、自我推动,坚持到底,最终成功。缺乏自信的人一遇困难就打退堂鼓,甚至连一道题复杂一点都不想凭自己的力量解出它,更何况大的考验和挑战呢?

3. 系统固定的计划。

有了计划,奋斗就有了明确的目标和具体的步骤,就可以统筹行动,增强主动性,减少盲目性,使奋斗有条不紊地进行。制定为达到目标而进行的分步骤、分阶段的周密计划,自己要让计划有约束力,严格按计划去进行,大的困难就被分解,漫长的路程就有了驿站,一次次执行完毕只不过是克服一个个小困难,但最终实现的却是辉煌。勿空想,求实干!

4. 精确可靠的知识。

坚韧不拔并不是盲目蛮干,也不是一股狂热冲动下的瞎干,而是基于坚实的、全面的知识准备,基于深思熟虑、有充分根据的勇敢刚毅。知识是前人总结的宝贵经验,掌握扎实的知识,就为做事奠定了理论指导的基础,也只有这样才能有效地避免盲目,增强目的性和时效性。

5. 自主自立与协调合作的结合。

有自主自立的能力,知道自己应该做什么,应该怎么去做,不盲从他人,不随风倒,但又不孤立自己,而积极寻求与他人的合作,接受他人的有益建议,更有把握地前行,去实现目标。

6. 专注、踏实的习惯。

日常就注意哪怕一件小事,或者一件不难但繁杂的事,既决定做、必

须做，就坚决去完成它，日久天长，积累成为自己的习性，遇大事、难关也能如此了。

误区10：没人能够勇敢地面对困难

误区描述：所谓勇敢地面对困难，其实都是一种无奈的选择而已，不面对也无处可逃，还得面对。

分析与纠正：在日常的生活、学习中，有的同学在遇到困难时，缺乏克服困难的信心和勇气，因而常常退缩，致使许多事情都半途而废。

中学生遇到困难爱打退堂鼓的原因主要有三个方面：①在行动前没有明确行动的目的、意义，不能有意识地支配自己的行动，缺乏行动的自觉性；②面对困难，缺乏解决困难所需的知识、方法和经验，没有解决困难的信心；③还没有养成以全面的、发展的观点思考问题的习惯，过高地估计困难，过低地估计甚至看不到自己和集体的力量。

应当怎样克服这种不良习性呢?

1. 要从思想上明确自己生活、学习的目的，并以客观的眼光来看待一切困难，认识到它们不过是自己生活道路上的一些沟沟坎坎，不过是奔流直下的大河中的几个小小漩涡，也就是说要从战略上蔑视困难，这样树立克服困难的信心，增强克服困难的勇气。只要我们勇敢地面对它，用乐观的精神和自信的态度，没有不可战胜的困难，胜利一定属于我们。

2. 要冷静地、正确地识别困难。首先要认识困难的性质，是属生活上的，还是属学习上的；是客观存在的，还是人为造成的。然后再仔细分析困难之所以成为困难的原因，是它确实超出了自身的能力范围，还是自己存在这方面的某些缺陷，抑或是认识不足，一时还未找到解决的途径，这就是所谓"知己知彼，百战不殆"。

3. 要认真地、积极地寻求解决困难的办法。认识了困难的性质和形成原因，我们便可以采取措施，对症下药了。例如，对于许多中学生来说，记英语单词是一个"老大难"问题。这主要是由于英语单词本身的复杂多变造成的，这时我们面临选择的不是回避，而是知难而进，可以广泛地阅读一些参考资料，如《英语单词速记法》、《四千单词百日通》等，寻求一些科学的记忆方法，如利用音标记忆、利用构词法记忆、对比记忆等，并要下一定的功夫，这样记起来就比较容易了。

4. 平时注意积累，尽可能在平时多学一点，多培养一点解决困难的能力，在关键时刻将受益无穷。当然，有的困难是自己根本无法解决的，那时还是应向他人求助，以便尽快解决困难，扫除前进道路上的绊脚石。

5. 要借助集体的力量来克服困难。集体的力量是巨大的，只有把自己和集体融合在一起，才感到自己力量的雄厚，才能增添自己克服困难的毅力和信心。

总之，遇到困难时我们应该勇敢面对，俗话说：困难像弹簧，你弱它就强，你强它就弱。毛主席也说过"世上无难事，只要肯攀登"。不经历风雨怎么见彩虹，无限风光在险峰，不一步步登上险峰，就体会不到困难被我们踩在脚下的成功喜悦，欣赏不了"会当凌绝顶，一览众山小"的无限风光。

误区 11：重视感情的人是不会理智地处事的

误区描述：感情和理性是对立的观念，感情用事就是丧失理性，过于理性就是冷酷无情，自己看着办吧。

分析与纠正：我们在个人成长中、日常生活中，总会遇到各种各样的事情要求我们面对，这其中有不少是我们未曾料到的、不愿碰到的、不能接受的，这时我们作出怎样的反应就很能见出我们驾驭自己情绪、情感的能力。有的同学一遇此类事便反应过度，情绪冲动，或因高兴之事便狂喜，或因伤心之事而绝望，或因气愤之事而冲、砸，等等，往往当时冲动之下说了过头话、做了过头事，头脑清醒之后悔之晚矣。那么，怎样才能克服好感情冲动的毛病而学会理智处事呢？

1. 自我暗示法。

容易感情冲动的同学自己平时是知道的，以前肯定犯过，于是在又面

对容易激起冲动的事时，可以抓住时机提醒自己："我好冲动，现在最需要的是冷静！"、"在头脑发热时，不要做出任何决定！"等等。默默多念几遍，力求使自己的情绪回到理智的范围中来，再冷静考虑自己处理这件或那件事的态度和做法。

2. 反向驱动法。

即自己面对某事本来的反应是什么，那就有意识地迫使自己努力做出相反的反应来，效果会意想不到。比如：有人告诉你，某同学在背后说你坏话，你原可能勃然大怒，立刻找他去；现在你可以笑起来道："是吗？你别说，他讲我的这些还当真是我的毛病呢，我要谢谢他，还要请他当面给我再提点意见。"可以预料，结果对方会很不好意思地解释，而别的同学也会钦佩你的大度、虚怀。

3. 推迟愤怒法。

当某一事件触发了你强烈的情绪反应，在表达出情绪之前，先为自己的情绪降降温，比如在心里对自己说："我三分钟后再发怒。"然后在心中默默地数数。不要小看这三分钟，它在很大程度上可以帮助你恢复理智，避免冲动行为的发生。

4. 环境转换法。

在情绪即将失控的时候，请赶快转换一个环境，你的注意力和精力也会相应地转移，可以使即将失控的情绪得到平息。值得提醒的是，你的行动必须及时，不要在消极情绪中沉溺太久，以免最终酿成情绪的失控。

5. 描述感觉法。

当你情绪激动的时候，可以试着把注意力放在你身体的感觉上，去感觉"我现在心跳很快"、"我现在脸很红"、"我现在呼吸局促"等，当你关注自己身体的时候，实际上是将关注点从事件上转移。

6. 培养与人沟通的能力。

不生气的时候，去和身边的人谈谈彼此，听听对方最容易发怒的事情，想一个沟通感情的方式，注意不要生气。也可以约定写张纸条，或做个缓和情绪的散步，这样你们便不会继续用毫无意义的怒气来彼此虐待。经过几次缓和情绪的行动之后，你会发现冲动是多么愚蠢的一件事情。

7. 让冲动在运动中消失。

心理学家发现，运动是有效解决愤怒的方法，尤其是多参加户外活动，主动做一些消耗体力的运动，如登山、游泳、武术或拳击等，使不快得以宣泄。当感觉自己的情绪无法控制时，可以主动做一些运动，让冲动的情绪随着汗水一起流淌掉。

8. 寻求建议、帮助。

遇事冲动时产生一些想法，先别急于付诸实践，以免覆水难收。俗话说："旁观者清"，可向自己信赖的、亲近的人讲出你处理此事的想法，让他人对此提出看法和建议，可能会优于作为当事人的自己所要采取的行动。

总之，经常冲动是不好的，它会使我们常常做出一些草率、简单、粗暴的行为，对人对己都不利。青少年朋友，应尽可能避免冲动，学会理智处事。

误区12：在这个浮躁的年代里我们必须浮躁

误区描述：适者生存，这是个浮躁的时代，为适应环境，我们也必须浮躁起来。

分析与纠正："脚踏实地"是我们对人的一句赞语，也用来表示对人的一种期望。脚踏实地、一步一个脚印、实实在在是一种可贵的品质，它的对立面是"浮"，是"华而不实"、"言过其实"。它们作用于人会导致不同的结果：可能你并不聪明，思维并不敏捷，但因能沉下去努力，踏实地奋进，你会成为一个掌握丰富知识和能力的人、一个有成就的人；可能你挺聪明机灵，接受和反应能力都挺快，可是你靠小聪明，不愿付出艰苦的努力，最终你会一事无成。这并非危言耸听，有无数的例子可以证明。我们青少年朋友应努力戒除自身易"浮"的毛病，培养自己脚踏实地的品质，以利于自身成长。

1. 戒"浮"求"实"，应该从思想上解决认识问题，真正下决心去克服、去培养。不要自以聪明为所长，不以勤奋为必需，聪明好比花蕾，如果不以实实在在的努力去浇灌，也是不可能长出绚丽的花朵。从历史上埋头苦干终于有成的人物如李时珍、爱迪生等到身边踏实学习的同学，再到自己本可以成绩更好些，但因不能勤奋用功而不理想的现实，促使自己重视"易浮"为自身前进的障碍，主观上建立克服它、讲求踏实的内心动机。

2. 用具体的做法引导自己走向实在地学习、做事。如上课要求自己记笔记、划书本、回答老师的问题；如像陈毅同志说的"不动笔墨不看书"，避免对应当掌握、钻研的知识浮光掠影式的浏览；如考试时迫使自己复查到铃声响再交卷；如生活中给自己规定仔细观察某种事物并进行细致描述刻画的任务，等等。良好的品质总是通过具体行动来体现，当然也是可通过具体行动来逐步养成的。让自己对学习、生活中的事都规定具体可操作的各项指标，并进行自我检查和评价，以在实践中养成踏实的习惯。

3. 时时进行自我督促。学习、做事易"浮"的人，往往自己可以意识到，所以可在遇事时进行自我暗示"我有易浮不实的毛病"等，使自己定下心来，切实做好面前的事。当然还可选择一些有关的格言警句作为座右铭提醒自己，形成习惯。相信经过长期的自我督促，我们会渐渐转变自己的做事态度，也就达到了纠正浮躁的效果。

4. 从磨练自己的意志入手，在日常中多注意培养自己具有坚韧不拔的意志、克服困难的毅力、深沉稳重的性格、认真负责的态度和冷静细致的作风，这些更高层次的追求中自然包含着使我们远离"浮华"趋向"踏实"的因素，在这个过程中相应地也就培养我们的踏踏实实的品质。

5. 寻求外在督促。有的同学可能因为自己的自制力差，自己难以很好地把握自己，以至于有时因不坚决而难发挥效力，那么也就有必要寻求外在的监督了。可以请家长、老师或者同学作为自己的监督者，及时纠正自己做事时不踏实的行为。由于外在的（家长、师长等）要求能更客观地对待自己，也比较稳定有效，所以是一个不错的选择。

成功者立在辉煌的终点，他的背后是一串长长的、深深的、浸着汗水的足印。我们要想成功，就要一步一个脚印地向前走。

误区 13：不能改变怯懦胆小的性格

误区描述：性格能改变吗？我看悬！据说性格是由基因决定的。

分析与纠正：中学生中有一些人遇事谨小慎微。遇到陌生人或老师、遇到人多的场合好退缩回避；对某些需要勇气或冒一定风险的事十分畏惧，不敢尝试；对别人于自己的看法很敏感，唯恐哪儿做得不好让人耻笑，等等。

凡此种种都表明你具有怯懦胆小性格，亟待改变，否则将严重制约你的成长、限制你未来发展的可能性，严重的甚至可能影响你的身心健康。同学们正在生长发育，性格也完全是可塑的，应积极努力，促使自己摆脱羞怯畏惧，获得自信、勇敢、刚强、敢于承担风险迎接挑战的性格。

要想改变，首先应明了导致怯懦胆小的主要原因。一般说来，造成胆怯畏惧的因素主要有：①少儿时代所受父母、家庭的过分呵护和保护式指导或者过于严格刻板的管教所致。②具有内向型和抑郁气质特点，易表现出胆怯、紧张拘束等。③有比较强烈的自卑感所致，总是对自己缺乏信心，总觉得不如别人。④由于青少年时期自我意识的增长，常担心遭到别人否定，因此以退缩回避进行心理的自我防御。

对付怯懦胆小的性格虽有些行之有效的方法，但无不需要自己的主动、积极，任何脱离自己主观努力的方法是不存在的。

1. 尝试迈出第一步，在实践中建立和发展自己的自信心。勇敢的人首先是自信的人。要通过对比说服自己比别人有优势，要通过尝试证明自己完全可以像别人一样、甚至更出色。学习、生活、交往中，有很多个"第一次"，迫使自己去开始，一旦开始了，就会发现并非原来想象的那样难，更会发现一个新的自我在逐渐形成，坚定的自信心也就逐渐生成。它将帮助你克服怯懦，遇事敢于展示自己的自信。

2. 正视自己的怯懦胆小。它外强中干，你强它就弱，要勇敢地面对它，下决心从现在开始永远不让它支配自己，即使是平常的小事。罗斯福总统有句名言："最值得恐惧的是恐惧本身。"朋友们，振作起来，当你面对心中的怯懦畏惧心理"开战"时，就发现它并非不可战胜。

3. 反向驱动法。当你感到怯懦胆小时，应该马上战胜它，否则积久时日，将固定这种心理，更难突破。列宁有次与友人去登山看日出，抄近路从一处险峭的崖壁攀援而上，回来时他拒绝了友人从另一条较宽较平的路走的建议，仍从原路返回，他解释道："登上来时我觉得有点害怕，我不能让它压倒我，让我以后永远害怕!"

4. 清醒地、充分地认识自我。勿因一些不足而全盘否定自我，要正确评价自己，也看到他人的不足之处，心理上与其居于平等地位。

5. 积极观察他人，与他人交流，有意识地模仿他人的从容举止、果敢言行。

6. 自我暗示法。遇事自我暗示："没什么可害怕的"、"紧张无济于事"、"勇敢起来!"等。

误区14：自信心无须培养

误区描述：对于你的长项，你自然有自信；对于你的弱项，你哪里来的自信？

分析与纠正：有人曾经说过，自信是成功的一半。拥有自信的人，在学习中才能更好地处理困难和挫折。自信心也是我们良好的心理品质的重要方面之一。自信就如同人生中的阳光，给我们以力量；自信就像大海航船上的风帆，可以使我们在汹涌的波涛冲击下永远向前；自信就是黑暗中的航标，给我们指明了前进的方向。

可以这么说，人可以失去一切，但不可以失去自信！同学们应该从学生时代就锻炼自己常葆自信，这样才能为今后的成功人生打好基础。

要使自己能总是拥有充分的自信，特别是在失败时、困难中、挑战面前，我们应该做到：

1. 从不失去对自己的正确估价和全面把握。

一个人只有充分地认识了自己，知道自己究竟在什么水平，才会胜不骄败不馁，才能达到永远自信——建立在客观公正基础上的信心。经常分析和了解自己的优势和弱点、长处和不足，知道自己的价值所在，就会"不以物喜，不以己悲"，特别是失利时不致把自己看得一无是处、动摇和丧失了信心。

2. 用努力学习去培养、发展我们的自信。

保持自信的最好方法莫过于经常注意培养和发展自信。学生时代最引人注目的焦点，是来自于学生的骄人成绩。一个成绩好的孩子，总是会得到众人的钦羡，这样的孩子也很容易获得自信。可以给自己规定经过一定的努力可以达到的目标（切记不要好高骛远），并且努力真正达到它。

3. 通过展示特长来巩固自己的自信。

除了学习，还可以通过在集体中或者与别人交往，来展示自己的特长，以此来获得外界的肯定。一旦遇到这样的机会，千万不要放过。这可以帮助我们巩固原有的自信，增添新的自信，激发我们向更高的目标迈进，形成良性循环。李白有诗"天生我材必有用"，一个成绩不是很好的孩子，一样可以拥有满满的自信。

4. 用体态语言维护自信。

一个从表面上看上去就萎靡不振的人，总会让人在不经意的时候忽略掉，所以体态语言很重要。而所谓体态语言，就是比如说敢于正视别人，不要眼神低垂或闪躲；如加快走路速度25%，不要拖沓缓慢无力；如抬头挺胸收腹，不要低头含胸松弛，等等。这些都有助于暗示你自己是一个充满自信，以自己的表现为荣，明白自身价值的人。另外，整洁清新的外表打扮、清楚有力的话语都能够帮助自己不知不觉地保持充分的自信，或者感到自信在不断增长。

5. 用一些小方法找到自信。

每天洗漱的时候，对着镜子说："自己是最棒的!"遇到挫折的时候，暗暗给自己打气："下次我一定可以成功!"在成绩考得不尽如人意的时候，告诉自己胜败就是兵家常事。通过这样的方式，来帮助自己面对生活、学习中的挫折和困难，一定可以让自己尽快找到方向，变得自信的。

当然，总能保持自信的根本原因还在于我们能在人生当中不断战胜失败、困难、挑战，也不断战胜自己。在遇到困难的时候，给自己加油打气，让自己昂然屹立在困难面前，坚持不懈地努力，不断从失败走向胜利。从

这个意义上讲，自信就是信心加上决心再加上恒心的结果。但是切记，自信绝不是自傲，一定要不断告诫自己，要戒骄戒躁，否则成功只能和自己擦肩而过。

误区 15：不要去和犯罪分子斗

误区描述：犯罪分子是有警察和法律去管的事情，一般百姓不要干预，也无权干预。

分析与纠正：行凶、敲诈是危害社会、危害人民的违法犯罪行为，应该受到法律的严厉惩治，与违法犯罪行为作斗争是我们每个公民的义务。我们青少年学生不要惧怕违法犯罪分子，要敢于同违法犯罪分子作斗争，以我们的正气战胜邪气，发扬见危知助，见义勇为的民族优良传统。

当我们遇到违法犯罪分子在行凶、敲诈，危害国家、集体、群众利益时，应挺身而出，与违法犯罪分子作坚决的斗争，宁愿牺牲个人利益，也决不让违法犯罪分子侵害国家、集体、群众的利益。因为在我们社会主义社会里，国家、集体、个人三者利益在根本上是一致的，国家利益代表着个人利益，个人利益必须服从国家利益，集体利益是联结国家利益和个人利益的纽带，只有国家利益和集体利益得到保护，个人利益才能实现。

因此，当国家、集体、他人及自己的利益受到侵害时，首先应该保护国家、集体、他人的利益，即使牺牲了个人利益，哪怕"好汉要吃眼前亏"，也在所不惜。

另外，我国《刑法》第二十条规定：为了使国家、公共利益、本人或者他人的人身、财产和其他权利免受正在进行的不法侵害，而采取的制止不法侵害的行为，对不法侵害人造成损害的，属于正当防卫，不负刑事责任。对正在进行行凶、杀人、抢劫、绑架以及其他严重危及人身安全的暴力犯罪，采取防卫行为，造成不法侵害人伤亡的，不属于防卫过当，不负刑事责任。这为我们打击违法犯罪提供了理论依据。

为打击违法犯罪，弘扬正气，我们不但要敢于牺牲个人利益，甚至要敢于牺牲自己的生命。人的生命是宝贵的，可生命的价值不仅仅在于创造物质财富，也包括创造更高的精神财富。在我们社会中，总是有人见义勇为，血战持刀行凶的歹徒，有的甚至牺牲了生命。尽管他们的生命停止了，但是他们所表现出来的正义的精神却永远发出光芒，激励着人们，净化着人们的灵魂，使人们具有高尚的情操，使社会风气得到好转。

当我们遇到行凶、敲诈时，我们应该大胆地与犯罪行为作斗争。保护别人的权益同时也是保护自己的权益。无论是捍卫自己的利益还是人民群众的利益，都是值得称道的事情。不但要敢于同这类行为作斗争，还要善于同这类行为作斗争。

面对违法犯罪分子，要冷静、沉着、机智地同他们斗争，如果敌强我弱，可以在不放弃原则的前提下，暂时妥协一下，但要注意记住违法犯罪分子的特征，掌握犯罪证据，并立即向公安部门报案，以便更好地打击违法犯罪分子。

总之，青少年从小就应该培养见义勇为、敢于同违法犯罪作斗争的精神，具有高尚的道德情操，肩负起社会责任，积极地同违法犯罪作斗争。只有这样才能有效地预防和减少违法犯罪。当然也要智斗，不要盲目冲动，不要硬拼，尽量减少不必要的伤亡。

误区 16：帮朋友打架

误区描述：朋友就得讲义气，朋友受到欺负不能袖手旁观，该出手时就出手。

分析与纠正：很多学生重友情，讲义气，这原本是件好事。可是，有些人把它发展到了极端，认为只要朋友相求，就应有求必应。结果，一念之差，铸成终身遗恨。也许当时是为了哥儿们义气，也许你的"帮忙"反倒把自己和你的哥儿们都帮错了，哥儿们义气是要讲，可是要注意方式方法。

其实，友谊是人与人之间的一种真挚的情感，是一种高尚的情操，友谊使你赢得朋友。当遇到困难和危险时，朋友会无私帮助，如果有了烦恼和苦闷时，可以向朋友倾诉。友谊是有原则、有界限的，友谊不能违反法

律，不能违背社会公德。而"哥们儿义气"源于江湖义气，会为"哥们儿"私利而不分是非，不讲原则。

诚然，友谊需要互相理解和帮助，需要义气，但这种义气是要讲原则的，如果不辨是非地为"朋友"两肋插刀，甚至不顾后果，不负责任地迎合朋友的不正当需要，这不是真正的友谊，也够不上真正的义气。

在社会主义社会，由于旧社会的影响和新制度的不完善，也存在一些不公平的事。对不公平的现象产生义愤，这是正直学生应有的品格。但是，今天的一些不公平现象，基本上属于人民内部矛盾，不是阶级的对抗，可以而且应当通过组织调节或法律程序来解决矛盾。

朋友受了委屈，应当同情，但同情并不等于一定要去帮助打架。当朋友有这种要求时，要耐心地做他的思想工作，讲明利害，不能蛮干，从实际出发，帮助他依靠组织去解决问题。这样做，朋友可能暂时不理解，甚至会不满意，但将来他明白时，会从内心感激你的。因为你没有在他感情冲动时火上浇油，更没有从哥儿们义气出发帮倒忙。具体要注意以下几点：

1. 理解、同情。

看到朋友要去打架拼斗，说明他已愤怒到了极点。作为他的好友，你要及时给予理解同情和宽慰，让他获得一种友情的慰藉，使他从极度的愤激状态中，暂时解脱出来。比如，你可以说："先消消气，有事慢慢说。""你的脾气我最了解，不是到了万不得已的时候，你不会火成这样。""有我们这些朋友在这里，你尽管宽心。"

2. 问明详情。

看到自己朋友怒气冲天，你可切莫受到感染，感情冲动，意气用事，而是要保持头脑的冷静，仔细问清冲突的起因、经过，弄明冲突双方的情况，理出眉目，然后尽可能客观地作出初步判断。

3. 妥善处理。

俗语说："当局者迷，旁观者清。"当你的朋友感情冲动，一时判断不清的时候，作为他的好友，你要为他冷静思考、权衡利弊，处理面临的冲突时，要尽量做到有理、有利、有节。

4. 解决办法。

如果你的朋友是因为敢于坚持正义、挺身而出去制止不良现象的，我们就要全力支持。但在事前要充分分析面临的形势，研究周密的对策，寻求多方的支持。务必使我们的行动，能周密、稳妥、有力，而不能用打架的办法解决。

如果你的朋友是因为在认识上、处理事情的方式方法上与对方有了分歧，而引发出激烈冲突的话，那你就要帮他理智地处理好这一争端，让大事化小、小事化了。这就需要我们动之以情，晓之以理。首先你要让朋友感受到你对他的一片赤忱，无论以往或如今，也无论你的言谈或行动，都是为了友谊，共同前进。在他的感情有所触动时，你再为他分析处理眼前冲突的两种方式和两种结果，并建议他采取明智的做法。当他的理智逐步占了上风，愿意做出明智的选择时，你要为他献计献策，并陪他一道，把一场激烈的冲突，逐步化解掉。

如果你的朋友因受到别人正确地批评、处理而心怀不满、意图报复，那你就更不能由他实施，不但自己不能参加，还要立即予以制止。帮助朋友从事情本身的是非曲直上认识清楚，做到心悦诚服，指出这是有利于朋友成长的、应该接受的批评和处理，如果报复实是错上加错。这样才是真正的朋友之道。

误区 17：大错不犯，小错不断

误区描述： 原则性的错误不要犯，小错误嘛，犯了也无所谓了。

分析与纠正： 我们生活在这个社会，一切都遵循着纪律的原则。纪律是在一定条件下形成的、一种集体成员必须遵守的规章、条例的总和，是要求人们在集体生活中遵守秩序、执行命令和履行职责的一种行为规则。纪律具有社会性、历史性、阶级性和强制性的特点。自由和纪律既是对立的又是统一的。

试想如果每个人随心所欲、为所欲为，那么学习环境、生活环境就失去了正常的秩序，当然，这是所有人都不愿意看到的。

学生在学校受过多方面的教育，一般说来，每位同学都有一定的辨别是非的能力。当有人要你做违反纪律的事时，应该这样做：

1. 自己要有清醒的头脑。

凡是违反校规校纪、违反《学生日常行为规范》甚至违法的事，自己坚决不去做。人是生活在纪律里的，守纪律，无论做什么都有成功的可能；不守纪律或全没纪律，就必然要遭到损失或失败。况且，一旦我们做出违反校规校纪甚至违法的事，是要负责任的，所以我们坚决不能做违反纪律的事。

2. 要坚持原则。

当有人要你做一件违反纪律的事时，假如你考虑到朋友的情面，怕得罪对方，违心地做了违反纪律的事，结果受到老师或有关部门的批评甚至处分，那对自己来讲，对个人的荣誉和名声都是很大的损失。老师和同学们对你的信任也就会打折扣。而你如果坚持原则不做违反纪律的事，不仅不会使自己的名誉受损害，而且，你将赢得老师和同学对你的加倍信任。

3. 劝阻别人不要做违反纪律的事。

别人要你做违反纪律的事，你不仅不去做而且要努力劝阻他人也不要去做违反纪律的事。也许开始别人不理解你，但最终是会理解你的。那时，他会因为你坚持正义而格外敬佩你。由于你劝阻他人不做违反纪律的事，你必然也会受到老师和同学的由衷赞扬。当然，由于你坚持原则，可能会遭到别人一时的疏远。但这是暂时的，随着时间的推移，别人会逐步地了解你。

总之，当有人怂恿你做一些违反纪律的事时，你一定要保持清醒的头脑，不能因一时糊涂违反纪律，还要坚持正义，极力劝阻别人，避免他们做出违反纪律的事。

误区18：千万不要管闲事

误区描述：路见不平拔刀相助是古代侠客们的英雄壮举，但是在当今法治时代"拔刀相助"就是犯法的行为了。

分析与纠正：现实社会中，我们有时候会遇到一些流氓在上下学之际在校门口滋扰，欺负一些同学。有的同学看不过去，出于义愤会痛斥他们的可耻行为，以致被打。而另外一些同学却会讥笑这样的同学。同学用自己的实际行动制止了一起违法事件，却被讥笑为多管闲事，遇到这种情况该怎么办呢？

1. 要清醒地认识到：这类"闲事"是应该管的。在我们这个社会主义大家庭，人本应该相互关心、爱护。可是，就有这么一些人受剥削阶级"人不为己，天诛地灭"思想的影响，他们靠偷、靠抢、靠诈骗来维持自己不劳而获的腐朽生活，把自己的"幸福"建筑在别人的痛苦上面。对于违法乱纪的事，不能光靠公安司法部门去管，每个公民，包括我们中学生，都应去管，这样才能压倒邪气伸张正义，才能维护公共道德，才能保护人民大众、包括我们自己的利益。

2. 维护社会公德、见义勇为，敢于阻止违法犯罪行为，是一个人最起码的道德感和正义感。现在社会上有一种极不好的风气，有些人胡作非为，往往是看热闹的人多，敢于针锋相对进行斗争的人少，以致坏人肆无忌惮，好人频频遭殃。这些人今天得逞，明天就可能持刀抢劫，这对社会的安宁会造成多么大的隐患啊！

3. 打击违法犯罪行为，有些人风言风语，甚至讥笑挖苦是难免的。说这些话的人心态不一。有的人对这些事的危害性认识不足，认为是小题大做；有些人怕惹火烧身，多一事还不如少一事；有些人则是嫉妒，心理不平衡……只要我们心中坦然，既然是对人民大众有好处的事，又何必对这些言论耿耿于怀、心中不快呢？并且对于这样的议论，必要时也可向学校老师汇报，以引导正确的舆论导向。

自觉遵纪守法，敢于向不良现象和违法行为作斗争，既是我国宪法规定的每一个公民的义务，也是社会主义道德品质的具体表现。我们应抛弃私心杂念，为自觉维护社会秩序、保护人民利益作出自己的贡献。

误区 19：礼物可以随便收

误区描述：难道收礼物时还要问人家是偷来的还是抢来的？还要人家拿出发票看看吗？

分析与纠正：同学之间、朋友之间建立友谊，结为知己，除了通过语

言上交流情感以外，往往赠予一些物品作为纪念，以示友谊的长存。但是，如果别人送给你的物品来路不明，怎么办？

1. 在收到物品，又不知其来路时，不要直截了当地问其来路如何，如果别人是通过正常渠道（如购买、跟家长要或是别人送给他的）得到的物品，诚心赠送给你却受到你的质疑，肯定会伤害他的自尊心，从而导致你们之间的友谊受到破坏。

正确的方法是婉转地探询物品来历，可以在赞美物品的基础上从价格、何处购买等方面探询。例如，别人送你一个精致工艺品，你拿到后首先应该表示感谢且惊讶，然后说："这样精致的东西肯定花不少钱吧？在哪里买的？"通过察言观色判断物品来路是否正当。

2. 来路不明的物品大致分为两种，捡到的或是偷窃、抢劫来的，怎样处理这两种情况呢？

（1）对于捡到的物品，首先要说服别人，帮助他提高思想觉悟，说明拾金不昧是每个中学生应具有的道德品质，如果把捡到的东西占为己有，只能说明思想素质不高，良心也会受到谴责的。耐心地说服他把捡到的物品上缴给有关部门，同时请他们帮助寻找失主，这样做既帮助了朋友，维护了你们间正常的友谊关系，当然也由于你的诚恳态度让别人下了台阶，受到教育，又能使别人领略了人间的真情。

（2）对于偷窃或抢来的物品，要旗帜鲜明表示坚持不能接受，因为这是利用犯罪的手段得来的，是触犯法律的。如果你接受了这些非法得来的物品同样也触犯了法律，严重的还要负刑事责任。这样既害了别人也害了自己，要对他说：纸是包不住火的。

对于价值不大的物品，应劝其主动还给物主，并要主动承认错误，赢得物主的谅解。对于价值较大或具有机密性的物品，除主动归还外，还应该主动投案自首，向公安机关坦白交代，求得法律的宽大处理，这样做既能挽救别人，体现出你的诚心和高尚的品德，又能更好地巩固朋友之间真诚的友谊。

总之，朋友的情要领，但道德也要维护。在收到来路不明的东西时，一定要弄清楚来路，否则很可能因为一时不慎而陷入困境。

误区20：社会中的阴暗面没必要管

误区描述：任何事物暴露在阳光之下都有阴影，不要试图消灭阴影。

分析与纠正：随着对社会认识的逐渐加深，我们会渐渐对这个社会有全面的认识，此时不得不承认社会还是有很多丑陋和黑暗的东西存在的。其实至今为止，古今中外，还没有出现过不带阴暗面的社会，没有一个是最理想、最完美的社会。社会的阴暗面不仅表现为官场的贪污、腐败，而且也表现为民众中的盗窃、抢夺和凶杀等犯罪。面对这些，我们学生该如何认识呢？

1. 要从历史的角度对社会生活中的阴暗面进行分析，认识到和腐朽、没落的剥削阶级的旧思想作斗争的长期性。改革开放以来，我们的社会生活发生了巨大的变化，物质文明和精神文明建设都取得了举世瞩目的成就，我国人民精神振奋，生活安定，社会稳定，这是任何人也抹杀不了的事实。

但是，也要看到我国还是一个发展中的国家，物质基础还不雄厚，国民的文化素质还不高，在人们的精神生活上还残留着过去半殖民地、半封建社会所遗留下的痕迹，社会还存在着腐败现象。诸如拐卖妇女儿童、赌博、斗殴等社会阴暗面，就是剥削阶级的旧思想在新时期的死灰复燃。我们要用这样的观念去分析问题，看到社会上产生阴暗面的社会根源和阶级根源，与这些丑恶现象作不屈不挠的斗争。

2. 要从发展的角度看问题，社会上存在着阴暗面毕竟是前进中的问题。随着我国法制的逐步完善，人们道德水平的提高，社会的进步，这些阴暗面会逐步消失的。目前党和政府一方面在采取积极的措施，与这类丑恶现象作坚决的斗争，比如，制定法律从重从快打击拐卖妇女儿童的犯罪现象；成立反贪机构、狠狠打击经济生活中的贪污、受贿等腐败现象。

另一方面大力提高全民族的文化素养和道德水平，加强精神文明的建设，比如开展"青年志愿者"活动，扶助社会孤寡老人；开展学雷锋活动，助人为乐；开展"希望工程"，资助失学少年；开展军民共建活动，净化社会风气，等等。

3. 要树立社会公民意识，积极促进社会进步。中学生们都要"从我做起"，遵守社会公德，积极参加社会的各项公益活动，使自己成为"四有"人才；对构成社会阴暗面的人和事，要有强烈的社会责任感，从维护社会稳定发展的高度，与之进行不懈的斗争，同时要努力学习科学文化，加快我国现代化建设的步伐。同学们应该相信经过数代人的努力，我们的祖国将会变得更美好。

总之，一味地抱怨、愤怒和愤世嫉俗不会带来任何有价值的改变。一个人如果因为社会的阴暗面而变得愤世嫉俗的话，其结果不外乎两种：要么心灰意冷、消极厌世；要么索性自暴自弃、同流合污。无论哪一种都不能够让我们这个社会变得更加美好。我们个人的力量的确是单薄的，可能改变不了整个社会，但消极厌世、愤世嫉俗只会在自己痛苦的同时破坏别人的心情，对于这个社会没有丝毫的积极贡献，只会让它变得更加糟糕。但可以在完善自己的基础上，尽自己的所能，去帮助那些需要帮助、而且愿意接受我们帮助的人，让我们的人生都变得更加充实、更有意义，也更加淡定和豁达。

❧ 误区 21：不用克服偏见

误区描述：偏见？以谁为标准呢？人人都有各自不同的思想，没有统一的标准，所有人都有偏见，克服偏见就是去认同权威标准或随大流，这对吗？

分析与纠正：许多事情单靠亲自体验是解决不了的。对这类事情，大部分人也只凭主观判断，而自以为千真万确。如果你也是这样的话，也有一些办法可使你觉察到自己的偏见。

如果截然相反的意见会使你大动肝火，这就表明，你的理智已失去了控制。这一点无须多说，你会下意识地觉察到的。假如有人坚持认为二加二等于五，或者冰岛在赤道上，你根本不会发怒，只是对他的无知感到惋惜——当然，如果你自己对算术或地理也一窍不通，这另当别论。只有那些双方都没有令人信服的证据的事情，争论才会最激烈。因此，无论何时都要注意，别听到不同的观点就怒不可遏。通过细心观察，你会发觉你的观点不一定都与事实相符。

了解与你不同社会范畴的人们的观点是克服主观、武断之妙法。假如你不能出外旅行，你就竭力寻找与你持不同意见的人相处，读点别的党派的报刊。如果你觉得这些人或报刊似乎缺乏理智，蛮横无理、令人厌恶的话，你就得提醒自己："在他们的眼中，我或许也是如此。"在这一点上讲，或许两方面都是对的，但不可能两方面都是错的。这种考虑问题的方法，应引起足够的重视。

如果你的想象力很丰富，那你不妨假设一下自己与持不同观点的人进行辩论。这种方法不受时间和空间的任何限制。例如，马哈德曼·甘地痛恨铁路、汽船及机械，如有可能，大有要毁灭整个工业革命全部成果之势。也许，你根本不可能有机会真正同这种人辩论，但你可以设想一下，假如与甘地争论的话，他会如何驳斥你的观点呢？在这种假想的辩论中，有时你真的发现，对手的观点比你的正确，于是你改变了原来的武断看法。

要谨防过于自尊。不论男女，十有八九都深信自己比异性优越，双方都有充分的根据。男性会说，大部分诗人、科学家等名人都是男的；女性会反驳，犯罪的也是男的多。事实上，是男性优越、还是女性优越的问题现在还难以定论。不过大部分人在这一问题上是自尊心在作怪。又如：无论生长在何处之人，都会据理力争说，本国比他国好。鉴于各国都有其自身的优缺点，我们得调整一下判断的标准以便于说明我国所具备的优点是否至关重要，而相比较而言，缺点是否微不足道。

其次，判断这一问题并无绝对标准。人类本身还有一种过分的自尊。排除人类这种夜郎自大的心理状态的唯一办法是提醒自己：地球只是宇宙天体中一颗不足为奇的小星星，而人生在地球的沧桑变幻过程中只是一部瞬息即逝的小插曲而已；宇宙间其他星球也可能存在着"人类"。

误区 22：知错不一定要改

误区描述：权力就是能够把明知是错误的东西也一定要执行下去的力量。

分析与纠正：当你做错事时就勇敢地认错，不要因此做些无谓的辩解。"胜败乃兵家常事"，这根本就不足为奇。而且，当你勇于承认时，你往往会得到更多实质性的好处。

我国有一家彩电厂，一次一位用户来信说："正看着电视，突然在荧光屏上出现一道白烟，随即图像消失了。"工厂经检查发现，问题发生在进口的滤波器上。有的同志算了一笔账，一年共卖出电视 8 万台，其中有 40 台出了毛病，返修率不过万分之五，远远低于国家规定的标准，完全可以不予理睬。

然而，厂领导却认为，对厂里来说是"万分之五"，对用户来说却是百分之百。因此决定把卖出的 8 万台电视，全部为用户换下滤波电容器。但是，这 8 万台电视机已销到 28 个省、市、自治区，都挨个换下电容器谈何容易。有人主张给找上门的修理，没找上门的就算了。厂长不同意，他们组织该厂在全国的 126 个维修点出面，在当地报刊电台上登广告，请买了这批电视机的顾客一律到维修点，免费更换电容器。

最后经过核算，厂里拿出 100 万元作为修这批电视机的费用。表面上看，他们虽然在经济上受到一些损失，但却在全国赢得了对用户负责、质量第一的好名声，从而赢得了更高的信誉。

我们在日常交往中，也不乏这样的实例。虽然，做错了事情要承认错误，但这其中也涉及到了这样的问题：认错的艺术。

有关专家给出这样的一些意见：

1. 时机的选择。

这是个重要因素。如果你认识到了自己的不对，你就应该立刻去道歉。当然，当对方心情愉快，时间悠闲的时候效果是会好一点的。但比如说，你今天犯错了，隔了几天才认错道歉的话，也未免太不应该了。因为，事情过后你再去道歉，人们往往会怀疑你的真诚度。

2. 认错道歉要堂堂正正，不必奴颜婢膝。

认错本身就是真挚和诚恳的表示，是值得尊敬的事情，大可不必为此一蹶不振。

3. 态度要诚恳，要坦率。

当你有某件事想要对方谅解时，态度是很重要的。你应该坦率地向他说出这事中的缺点、错误，并表示改正，这才能证明你希望获得谅解的决心。

4. 敢于承担责任。

既然是你已经做错了，就无须掩饰，勇敢地承担起责任才是获得谅解的最好办法。推卸责任或避而不谈，只能适得其反。

除了上面的几个方面外，笔者认为，我们除了要在口头上有所表示，更重要的是在行动上来弥补。

通常，某家公司在开会前，都会配给出席者一些资料，但有一次却漏印了部分的资料，而这错误是因为负责影印的新职员忽略所致。虽然这一部分资料对会议的进行并没有造成什么大的影响，但这位新职员将会受到上司的指责，这一点是毋庸赘述的了。

但是，这位新职员却对上司说："请你把资料再借我一下"，并且表示要重新影印，把完整的资料送给出席会议者。

这时，上司对该职员的能力重新作了肯定。这是因为不只是道歉，而且他想办法要补救的态度，令上司觉得他有强烈的责任感和诚意。当然，他并非有意这么做，但结果却给了上司一个好印象，因此可说他做了很好的自我表现。

对于犯错，当然是能免则免，这就要求在人际交往时，我们都应该加以小心对待，不应粗心大意，但对于一些无法改变的错误，你还可以这样对对方道歉："真是对不起，我知道不论我如何抱歉，也无法求得你的原谅，但是我希望有补救的机会，不论任何事我都愿意做。"相信当你这样表示的话，对方多半都会原谅你的，当然，你必须是真诚的。

误区 23：没有利益的事不做

误区描述：合作就是为共同利益的互相协作。

分析与纠正：每个人的能力都有一定限度，善于与人合作的人，能够弥补自己能力的不足，达到自己达不到的目的。

清末名商胡雪岩，自己不甚读书识字，但他却从生活经验中总结出了一套哲学，归纳起来就是："花花轿子人抬人。"他善于观察人的心理，把士、农、工、商等阶层的人都拢集起来，以自己的钱业优势，与这些人协同作业。由于他长袖善舞，所以别的人也为他的行为所打动，对他产生了信任。他与漕帮协作，及时完成了粮食上交的任务。与王有龄合作，王有龄有了钱在官场上混，胡雪岩也有了机会在商场上发达。如此种种的互惠合作，使胡雪岩这样一个小学徒工变成了一个执江南半壁钱业之牛耳的巨商。

自己力量有限，这不单是胡雪岩的问题，也是我们每一个人的问题。但是只要有心与人合作，善假于物，那就要取人之长，避己之短。而且能互惠互利，让合作的双方都能从中受益。

每年的秋季，大雁由北向南以 V 字形状长途迁徙。雁在飞行时，V 字形的形状基本不变，但头雁却是经常替换的。头雁对雁群的飞行起着很大的作用。因为头雁在前开路，它的身体和展开的羽翼在冲破阻力时，能使它左右两边形成真空。其他的雁在它的左右两边的真空区域飞行，就等于乘坐一辆已经开动的列车，自己无需再费太大的力气克服阻力。这样，成群的雁以 V 字形飞行，就比一只雁单独飞行要省力，也就能飞得更远。人只要相互合作，也会产生类似的效果。只要你以一种开放的心态做好准备，只要你能包容他人，你就有可能在与他人的协作中实现仅凭自己的力量无法实现的理想。

有人说众人携手能做出更大的蛋糕。但是有些年轻人却信奉另外的一种哲学。他们认为，财富总是有一定的限度，你有了，我就没有了。

这是一种享受财富的哲学而不是一种创造财富的哲学。财富创造来固然是为了分享的，但是我们的注意力并不在这里，我们更关注的是财富的创造。

同样大的一块儿蛋糕，分的人越多，自然每个人分到口的就越少。如果斤斤计较，我们就会相信享受财富的哲学，就会去争抢食物。但是如果我们是在联手制作蛋糕，那么，只要蛋糕能不断地往大处做，我们就不会为眼下分到的蛋糕大小而倍感不平了。因为我们知道，蛋糕还在不断做大，眼前少一块儿，随后还可以再弥补过来。而且，只要联合起来，把蛋糕做大了，根本不用发愁能否分到蛋糕。

过去农村闭塞，获取财富极端困难。老百姓家中难得有一桌一椅一床一盆一罐。所以那时农村分家是件很困难的事情。兄弟妯娌间为了一个小罐、一张小凳子，便会恶语相向，乃至大打出手。这是一种典型的分财哲学。

后来人们走出来了，兄弟姊妹都往城里跑，财富积累越来越多。回过头来，发现各自留在家里的亲眷根本犯不着为一些鸡毛蒜皮儿的事生气。嫂子留在家里，属于弟弟的地不妨代种一下，父母留在家里，小孙子小外孙也不妨照看一下。相互帮助，尽量解除出门在外的人的后顾之忧。反过来，出门人也会感谢老家亲戚的互相体谅和帮助。一种新的哲学也就诞生了，这种哲学就是：你好，我也好，合作起来更好。

遗憾的是，有些大学毕业生，大概是在校园呆久了，居然信奉这样的哲学：你必须践踏别人，糟蹋别人，利用别人。还有一些学生，自己拥有的资源不愿意与人分享，反过来，又想利用别人的资源，又不好意思张口。这样的一种心态是一种大的障碍，绝对不利于个人的成就与发展。

与人携手，把蛋糕做得更大一些。这样的话，你还发愁没得吃吗？

误区24：言而有信也要看情况

误区描述：对敌人也要言而有信吗？当然不，而是要兵不厌诈。

分析与纠正：人与人之间的交往既需要十分诚实，更需要言而有信，言行一致。中国古语有云，君子"一言既出，驷马难追"，这也说明了同样一个道理，且至今仍被我们引为行动的基本准则。

语言是人与人之间的重要交往媒介。如果我们在与他人的交往中言而

有信，即使把握不了很高超的语言技巧，也能够通过一番努力取得交往的成功；如果我们在交往中失信于人，即使有如簧的巧舌，也无从取悦于人。所以，在今天的现实生活中，很需要我们有言必行，言行一致；很需要我们答应了他人什么事就负责去做，切不可以能言而不能行。

我们说话的一个重要目的是为了准确地表达出自己的思想、感情、意图等，因而，当我们对人说"明天中午我请你吃饭"时，决不可一说了之，更不可拿此类约言来敷衍他人。如果我们对朋友说"这件事我绝对帮你办了"，那么我们就要尽最大的努力帮他办好；如果我们没有把握，就最好不要给人以绝对的答复。

"我实在无能为力办好此事"，"我试试看吧"和"我绝对可以替你办到"，三种方式表达了三种程度不同的意义，这就是我们视自己的实际能力而选择应该说哪句话。如果我们明显有能力帮忙办到而却不积极为他人提供帮助，固然不足可取，但如果我们无视自己的实际能力，轻易答应别人而又轻易失信于人，那么，即使我们不是存心骗人，也会引起误会，甚至于伤害他人的感情。

如果我们答应了别人的事，就要扎实履行，若万一因为不得已的原因而无法做到时，我们应该及时通知他人，并诚恳地表达自己的歉意，来尽可能地予以补救。我们无论替人办事，承诺事情，还人钱财，借给他人东西等，都不可因自己的临时失约而令对方措手不及。同时，我们也不可在自己失约之后还为自己做种种辩护，即使在极不得已的情况下失约了，也应该坦白地承认自己的过失和诚恳地向人道歉。

失约而又事后据理辩解，以求证明自己毫无过失，无论理由多么充分，都很难博得他人的同情。另外，我们虽然偶尔能通过诚恳地向他人表示歉意来补救自己的过失，但切不可以此为借口或以此为手段来频频失信于人，否则，也是会成为他人所不愿交结、不欢迎的人。

做一个诚实的人，这是任何时代、任何社会都崇尚的美德，言而有信，不失信于人，这是一个诚实者的最主要的表现。因此，我们大家都要像珍惜自己的眼睛一样珍惜自己的诺言。只有做到这样，我们才能博取他人的信任，才能获得社交的成功。

做人篇

误区1：做人不一定要有好心态

误区描述：好心态就是想得开，就是阿Q精神，这好像是鲁迅批判的心态。

分析与纠正：一个人要想成功，没有良好的心态是不行的。心理学家告诉我们，以下六种心态是人们成功的前提，必须好好把握。

1. 理解心态

一般来说，人际关系上的失败，大部分要归因于"误解"。

对于特定的"事实"或环境，我们往往希望别人跟我们做出一样的反应和结论。大多数情况下，别人的反应不是要为难我们，也不是因为头脑太顽固或者心怀叵测，而是因为他对情况的"了解"和解释与我们不同。

其实，我们也不愿意承认自己的过失、错误或缺点，甚至不承认自己干得不对劲。我们不愿意看到我们不希望出现的情况。这种心态使我们看不到真相，所以才无法采取适当的行动。有人说过，每天使自己承认一件痛苦的事实，是一项有益的训练。具成功型个性的人不仅不欺骗他人，也对自己很诚实。我们所说的"真诚"，就是以对自我的理解和诚实为基础的。用"合理的谎言"欺骗自己的人，没有一个能说得上是真诚。

相信别人是真诚的而不是故意心怀敌意的，即使事实并非如此，也有助于缓和人与人之间的紧张关系，使人与人更深刻地互相了解。

2. 有勇气的心态

有了目标，了解了情况还不够，你还必须有行动的勇气，因为只有通过行动才能把目标、希望和信念转化为现实。

世界上没有一件事可以绝对肯定或有保证。一个成功者和一个失败者之间的区别，不在于能力大小或想法好坏，而在于是否有勇气信赖自己的想法，在适当的程度上敢于冒险和行动。

也许你在行动时随时都可能犯错误，你所做的决定也难免失误，但是绝不能因此而放弃自己追求的目标。你必须有勇气承担犯错误、失败、受屈辱的风险。走错一步总比在一生中原地不动要好一些。因为人向前走就可以获得矫正前进方向的机会。

3. 宽容心态

成功型个性总是对别人有兴趣、关心别人的，他们体谅别人的困难和要求。

一个人对别人宽容时，他也必然对自己宽容。学会不在你心中谴责别人，不要因为他们的错误而责怪和憎恶他们。你觉得别人更有价值的时候，你就能生成更佳的、更合适的自我意象。

对别人的宽容之所以是成功型个性的体现，是因为那意味着这个人正视现实。人是重要的。人不能永远被当做动物或机器，或者当做达到个人目的的牺牲品，希特勒就这么干过，其他的独裁暴君也这么干过，不管是在事业上或是在人与人之间的关系上。

4. 尊重心态

生活中的陷阱和深渊中，最可怕的就是自己不尊重自己，这种毛病又是最难克服的，因为它是由我们自己亲手设计和挖掘的深渊。

而一向尊重自己的人不会对他人抱有敌意；他不需要去证明什么，因为他可以把事实看得很透彻；他也没有要别人证明自己的要求。

"尊重"意味着对价值的欣赏。欣赏你自己的价值并不等于自我中心主义，因为人们需要自我尊重。

自我尊重的最大秘密是：开始多欣赏别人，对任何人都要尊敬，你和别人打交道时要留心训练自己把别人当做有价值的人来对待，这样，你会发现，你的自尊心也加强了。因为真正的自尊并不产生于你所成就的大业，你所拥有的财富或是你所得到的荣誉，而是对你自己的欣赏。不过，当认识到这一点时，必须得出结论，说其他的人也可以根据同样的理由得到尊重。

5. 自信心态

自信建立在成功的经验之上。我们开始从事某种活动时，很可能缺乏信心，因为我们无法从过去的经验中知道我们会成功。学习骑自行车、在公开场合演说或者进行外科手术都是如此。成功孕育着成功，这个说法完全正确。一次小的成功可以成为巨大成功的基石。

另一个重要技巧，是养成记住过去的成功而忘却失败的习惯。

过去你失败过多少次无关紧要，重要的是汲取、强化和专注成功的尝试。查尔斯·凯特林说过，任何一个年轻人如果想要成为科学家，都必须准备在获得一次成功之前失败九十九次，而且不因为这些失败而损伤自我。

回忆过去勇敢的时刻是恢复自信有效的方法，而有很多人却因为一两次失败而埋葬了美好的回忆。如果我们系统地重温记忆中勇敢的时刻，我们就会发现，自己比想象的要勇敢得多。欧弗豪尔塞博士说，生动地回忆我们过去的成功和勇敢的时刻，是自信心动摇时极其有益的训练。

6. 承认自我

只有一个人在某种程度上承认自我时，他才能得到真正的成功和幸福。世界上最不幸、最痛苦的莫过于尽力要使自己和别人相信自己不是本来这副样子。一个人最终抛弃了虚伪和矫饰，主动表现出本来面目时，他得到的轻松与满足是无可比拟的。

误区 2：人生是无法正确定位的

误区描述：世界是变化的，世事难料，人的命运是随时变化的，是不可能事先设定的。

分析与纠正：一个人的心态在某种程度上取决于自己对自己的评价，

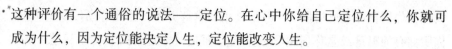

这种评价有一个通俗的说法——定位。在心中你给自己定位什么，你就可成为什么，因为定位能决定人生，定位能改变人生。

一个乞丐站在地铁出口卖铅笔，一名商人路过，向乞丐杯子里投了几枚硬币，匆匆而去。过了一会儿商人回来取铅笔，说：对不起，我忘了拿铅笔，因为你我毕竟都是商人。几年后，这位商人参加一次高级酒会，遇见了一位衣冠楚楚的先生向他敬酒致谢，并告知说：他就是当初卖铅笔的乞丐。生活的改变，得益于商人的那句话：你我都是商人。故事告诉我们：他定位在乞丐，他就是乞丐；当他定位在商人，他就成了商人。

定位概念最初由美国营销专家里斯和屈特于1969年提出，即商品和品牌要在潜在的消费者心中占有位置，企业经营才会成功，随后定位外延扩大到大至国家、企业，小至个人、项目等，均存在定位的问题，事关成败兴衰。

汽车大王福特自幼帮父亲在农场干活，12岁，他就在头脑中构想能够用在路上行走的机器代替牲口和人力，而父亲和周围的人都要他在农场做助手，真如此，世间便少了伟大的工业家，而福特坚信自己可以成为一名机械师。于是他用一年完成了别人要三年才能完成的机械师训练，随后他花两年多时间研究蒸汽机原理，试图实现他的目标，未获成功。他又投入到汽油机研究上来，每天都梦想制造一部汽车。他的创意被大发明家爱迪生赏识，邀请他到底特律公司担任工程师。经过十年努力，福特29岁时，成功地制造了第一部汽车引擎。今日美国，许多家庭都有一部以上的汽车，底特律是美国大工业城市之一，成为福特的财富之都。福特的成功，不能不归功于他定位的正确和不懈的努力。

反过来说，就算你给自己定位了，如果定的不切实际，或者没有一种健康的心态，也不会取得成功。

烦恼虽然是一种情绪，但却具有强大的破坏力，一旦沾染上它，压力也就悄然而至了。这样恶劣的情绪，会让我们放弃努力。它就会像指挥木偶一样指挥着我们，使我们生活在痛苦之中。人在烦恼时，意志变得脆弱，判断力、理解力降低，甚至理智和自制力丧失，造成正常行为不再。烦恼不仅使我们的心灵饱受煎熬，还会摧毁我们的肌体。

条条大路通罗马，我们应从这件事中吸取教训。

其实，明确了自己的定位，消除自身的烦恼，也是极易做到的事，何谈被压垮呢？

误区3：在逆境中微笑是傻子

误区描述：你都倒霉了，还要微笑，你不是傻子是什么？

分析与纠正：一个能够在逆境中微笑的人，要比一个一面临艰难困苦就崩溃的人伟大得多。一个能够在一切事情与他的愿望相悖时微笑的人，是胜利的候选者，因为这种心态，普通人是很难有的。

忧郁、阴沉、颓废的人，在社会上不受人重视。没有人愿意同他待在一起。每个人见了他，都只是看看，然后就会离开他。

我们不喜欢忧郁、阴沉的人，正像我们不喜欢给我们不调和印象的画一样。我们会本能地趋向于那些和蔼可亲、幽默风趣的人，所以要使人家喜欢我们，首先要使自己变得和蔼可亲和乐于助人。

人不应该把自己降为感情的奴隶，更不应把全盘的生命计划、重要的生命问题，都去同感情商量。无论你遭遇的事情是怎样不顺利，你都应努力去支配你的环境，把自己从不幸中解脱出来。如果你背向黑暗，面对光明，阴影就会留在后面。

一切学问中的学问，就是怎样去肃清我们心中的敌人——平安、快乐和成功的敌人。时时学习集中我们的心于美而不是丑，真而不是伪，和谐而不是混乱，生而不是死，健康而不是疾患——这是人生必修的一门功课。

假如你能够绝对拒绝那些夺去你快乐的魔鬼；假如你能紧闭你的心扉，而不让它们闯入；假如你能明白，这些魔鬼的存在，只是你自己为它们提供了方便，那么它们就不会再光顾你。努力培养愉快的心情。假如你本来没有这种心情，只要你能努力，不久就会具有这种心情了。

一位神经科专家告诉人们，他发明了一个治疗忧郁病的新方法。他劝告他的病人，在任何环境下都要笑。强迫自己，无论心中喜欢不喜欢，都要笑。"笑吧！"他对病人说，"连续着笑吧！不要停止你们的笑！最低限度，试着把你们的嘴角向上翘起。这样不停地笑时，看你感觉怎样！"他就

用这种疗法治愈了他的病人。

把忧郁在数分钟之内驱逐出心境，这在一个精神良好的人是完全可能做到的。但多数人的缺点就在不肯放开心扉，不让愉快、希望、乐观的阳光照进，相反却紧闭心扉想以内在的能力驱除黑暗。他们不知道外面射入的一缕阳光会立刻消除黑暗，驱除那些只能在黑暗中生存的心魔！

在你感觉到忧郁、失望时，你应当努力适应环境。无论遭遇怎样，不要反复想到你的不幸，不要多想目前使你痛苦的事情。要想那些最愉快最欣喜的事情，要以宽厚亲切的心情对待人，要说那些最和蔼、最有趣的话，要以最大的努力来制造快乐，要喜欢你周围的人。这样，你很快就会经历一个神奇的精神变化，遮蔽你心田的黑影将会逃走，而快乐的阳光将照耀你的全部生命。

你可尝试着走进最有趣的社交圈，寻求一些可以使你发笑、使你高兴的无邪的娱乐。这是精神的更新，这种精神的更新，有时能在同家中的孩子玩耍时找到，有时能在戏院中找到，有时能在有趣的对话中找到，有时能在埋头于一本有趣或激励的书中找到，有时能在睡眠中找到。

田野也是一个很好的精神更新者与忧闷的治疗者，有时花上一两个小时在阳光下的田野里散步，就可以改善你的精神状态。

改善精神状态后你会发现，忧闷的毒害可以被抵消，颓废的空气可以被改变。你会感觉到自己像换了一个人一样。

笑是精神生活的阳光。没有阳光，万物皆不会存在或成长。你得学会善意的幽默，并且开怀大笑，在笑声中观察五彩缤纷的真实生活。

丘吉尔曾说："我认为，除非你理解世上最令人发笑的趣事，否则你便不能解决最为棘手的难题。"

贝特丽丝·伯恩斯坦已 70 多岁了，她两度寡居，但她仍尽情地生活——探望儿孙，读书旅行，义务演出，过着快乐的一生。

"我已经过了生命的巅峰，但仍然享受下坡的快乐，做了快 9 年的寡妇，我为自己创造了一个充实且愉快的生活。我在亚利桑那州立大学一起修课的同学，在我第二任丈夫 1982 年死于结肠癌时，成为我的支持团体。

"借助青年旅行的计划，我和同龄人一起环游世界，他们和我有同样嗜好，也需要伙伴。自退休后，我所进行的最有价值的计划，就是参加'圣约之子'为以色列'活跃退休者'所举办的为期三个月的节约活动。活动中，我在内坦亚东正教看护中心担任祖母的角色，要照顾从 18 个月到 3 岁的小孩。没错，有时工作很烦很累，但是能提供服务，付出爱以及得到爱，这为我带来一种就像照顾自己亲生孩子般的快感。"

在伯恩斯坦太太 76 岁生日时，满屋的朋友共同举杯祝福她："祝您活到 120 岁！"伯恩斯坦太太的笑绽开了额头的皱纹："我也许刚好可以活到那么老，就剩下 44 岁了。"

看，生活就这么简单，就跟笑一样简单！

笑吧，为笑而笑，这就是笑的理由。其实，你并不要为笑寻找理由。只要笑，就足够了，生活中最为珍贵的礼物——笑，它让你生活充满阳光。

误区 4：处处不吃亏

误区描述： 不精明就会处处吃亏。

分析与纠正： 清代郑板桥的"难得糊涂"四字一直被一些人视为座右铭倍加珍视。板桥先生表达的是一种对时政的愤懑心情，颇有无奈何的心态。但在应酬圈中，"难得糊涂"却极有实用价值。

人们在社交中的心态是很复杂的。人人都希望在某些方面至少也要在一方面超过别人，以引起别人刮目相看，即不希望对方不停地炫耀自己，又不希望被别人揭短。总之，不希望比别人低三分。那么，较为熟识的人在交往中，如果不"糊涂"一点，在言谈举止中，难免会不知不觉地"犯忌"，惹对方恼怒，甚至引出不必要的是非。

1. "忘记"自己

对自己的才能、成就"念念不忘"，总是挂在嘴边，动辄就"我曾经……"、"我已经……"、"我是……"，特别是对你的这些情况已有所了解的朋友之间这样说，人家就会认为你太爱炫耀自己，故意显出高人一等，容易遭人妒恨，甚至故意在以后的交往中刁难你。

通常，"忘记"自己，既能表现谦逊，又能使你的长处为人所知，有人可能会对你的才华、成就"刨根究底"，别人主动询问得知，会产生羡慕、

敬佩的感觉。把注意力集中在谈话的对象，或正在进行的学习上，因为自我"忘记"本身就是一种优点，是谦逊的表现。只字不提自己，常常表明没有必要谈论自己。靠自己的所作所为，而不是靠谈论自己，来使别人了解自己的长处，就会备受赞扬——一方面由于自己的成就而受到赞扬，另一方面由于自己的谦逊、闭口不提自己而受到赞扬。

2. "忘记"别人

人人都有一些敏感的"禁忌"，因此，碰到"禁区"都要糊涂一点，该忘记的要忘记，而不要在无意中刺痛对方敏感的神经。譬如：

如果你曾帮助过某人，不要在他面前提起此事，不然，他会产生"你是不是想让我一辈子都对你感恩"的想法，心中必然不快；

如果你知道对方在学习中或生活上犯过错误，不要出于关心的目的主动问他这件事，这会让他觉得你是在有意揭短；

如果你已知道对方高考落榜或评奖落选或提干未成，不要出于安慰的原因（除非是特别熟识的老朋友、至交）去宽慰他，说不定他疑心你幸灾乐祸。

3. 当别人"欠"你时

别人"欠"你的（钱、情、理……），你虽然可以理直气壮地"索要"，但假如糊涂一些，也未必没有好处。

别人欠你的钱财，催还时要郑重其事，而不要欲说还休、吞吞吐吐，让人觉得你天天把一点小事记挂在心上；

别人欠你的情，你越显得"若无其事"，别人的感念程度越深，其效果已超出你付出的价值；

别人错怪了你，输了理，你就当没这回事似的，别人心里更加愧疚，必当寻机弥补才心安。

4. 古人"糊涂"言

《战国策·魏策四》："事有不可知者，有不可不知者，有不可忘者，有不可不忘者。"

《三国志·蜀书·秦宓传》："记人之善，忘人之过。"

唐代张九龄《敕渤海王大或艺书》："记人之长，忘人之短。"

南朝萧绎《金楼子·戒子篇》："无道人之短，无说己之长；施人慎勿念，受恩慎勿忘。"

《意林》："君子不以所能者病人，不以人之不能者愧人。"

（意思是君子不拿自己所擅长的方面去责难别人，不拿别人所不擅长的方面故意为难别人。）

误区 5："助人为乐，宽大为怀" 的说法过时了

误区描述：雷锋精神是那个特殊时代的特殊产物，不适合当今时代了。

分析与纠正：

1. 助人为乐

讲到助人为乐，同学们自然会想到雷锋。雷锋讲过一句名言："要使自己活着，就是为了使别人过得更美好。"雷锋助人为乐的事迹，是同学们耳熟能详的了：当他看到辽阳遭水灾的消息时，连夜把自己积攒的 100 元钱寄给灾区人民；出差在沈阳换车时，他用自己的津贴为一个丢失钱包的和车票的老大嫂买了车票，并送她上车；得知战友小周的父亲患了重病，他便设法以小周的名义给他家寄去 10 元钱；雷锋一出现在公共场所，人们总能看到他那忙碌的身影和额头上的汗珠，或扫地擦玻璃，或给旅客送水，或扶老携幼……

为什么雷锋已经故去这么多年了，而他的名字、他的事迹却一直为人们所传颂？这是因为雷锋形象所体现的助人为乐精神，正是我们的时代、我们的社会极其需要的美德。

生活中，一个社会，一个集体里，良好的人际关系离不开友爱和关心。人与人之间的友谊内容，除了互相尊重、志趣相投之外，还应充满关怀。要赢得友谊，就要切切实实地关心对方，体谅对方，尽量为对方着想和排忧解难。一个眼中只有自己，只关心自己，只喜欢别人帮助自己的人，肯定不会拥有真正的朋友。

以一颗热忱的心，向你的同学、亲友和邻居伸出帮助之手，实际是最高的礼仪表现。因为，一百句礼貌用语也抵不上一件助人的好事，只有诉诸行动，乐于帮助别人，才是对别人最实际的尊重。对人的实际帮助，表

现为对人的照顾、关怀、体贴：别人有困难，乐于帮助；人们之间有纠纷，热心调解；别人有了缺点或错误，能善意指出……人与人之间的关系从来都是相互的，一个能够尊重、关心和爱护别人的人，自然也会得到别人的关心、爱护和帮助。

苏联著名作家高尔基在给小儿子的一封信中说：我一看到你栽的花，心中就充满喜悦，"如果你永远地，整个一生都给人民留下美好的东西——花朵、思想，关于你的光荣回忆，那么你的生活就会轻松愉快。""当你感到一切人都需要你的时候，这种感情就会使你有旺盛的精神。"这正是对助人为乐美德的诗意般的概括。

2. 宽怀大量

所谓宽怀，即指为人要胸襟大度。法国文学家雨果曾说过："世界上最广阔的是海洋，比海洋更广阔的是天空，比天空更广阔的是人的心灵。"胸怀大度，能使人与人的关系更加和谐；若斤斤计较，心地狭窄，则容易使人际关系紧张。有的中学生，待人接物中，心胸褊狭，控制力差，稍不如意就恶语相对，或耿耿于怀。

在日常生活中，类似这样的例子是经常可见的：电影院里，进场的观众如潮涌入。由于拥挤，一个中学生不小心踩了前面的一个中学生的脚，挨踩的一把抓住踩人的，瞪着眼睛喊："你瞎了？没长眼睛？"对方也不甘示弱，挑衅地说："怎么着，找碴儿打架？你以为我怕你？"说着两人扭打起来。皮肉受苦不说，这两人都因为扰乱公共场所秩序被罚款，同时被撵出电影院。

对我们中学生来说，心胸与度量不是个无关紧要的小问题。它不但关系到我们的个人形象，还关系到学业的成败。在学习与社交过程中，度量也直接影响到人与人之间的关系是否能协调发展。

人与人之间经常会发生矛盾，有的是由于认识水平的不同，有的是因为对对方的不了解，或者是一时的误解。你能够有较大的度量，以谅解的态度去对待别人，这样才可能赢得理解，赢得支持，赢得良好的人际环境，使自己与他人的矛盾不断缓解、消失。反之，如果度量不大，为了丁点大的小事而争吵不休，斤斤计较，结果必将是徒伤感情，葬送友谊；分散精神，贻误学业。

误区6：说了不算也无妨

误区描述：人不可能说的每一句话都算数的，所以不必太较真。

分析与纠正：在我们与同学或亲友交往中，一定要讲究信用，说话算数，绝不爽约。这也是文明礼貌的标志之一。

古时候有个"抱柱守信"的故事，传说有个叫尾生的年轻人，他和别人约会在桥下相见。尾生在桥下等了很久，约会的人还是没有来。又过了一会，河水上涨，漫过桥来了。这时尾生为坚守信约，死死抱住桥柱子不放，一心等待约会的人前来。后来，河水越涨越高，竟把尾生淹死了。

尽管尾生抱柱等死有点迂腐，但他那种坚守信用的精神却是值得称颂的。因为他把信用看得比生命还重要。我们中华民族自古就有坚守信用的传统和美德，单是讲"信"的成语就有"信誓旦旦"、"信而有征"、"信赏必罚"、"言而有信"、"徒木立信"、"一言为定"等。

对比古人，观照自己。同学们不妨反省一下自己是否有过失约食言的行为呢？譬如，别人托你买一张球赛票，钱都交给你了，你拍胸脯担保绝对没有问题，可到了售票处一看，队排得那么长，你就不乐意买了。又如，几个同学相约假日同去旅游，事到临头你又变了卦，或是约的早晨七点钟集合，你却八点才到。请不要以为这些是小事一桩，如果你在小事上经常失信于人，人们在大事上也会对你不信任的。正像孔夫子说的："人而无信，不知其可也。"

如果说，古代社会尚且如此重视信守诺言，那么，到了人们的联系比过去更为密切，互相间的影响和连锁反应也比过去更为强烈的今天，信守诺言就更为重要了。一个人讲信用，重诺言，就是对他人利益的尊重。轻诺寡信，轻则妨碍他人的休息和生活，重则影响自己的事业和效益。现代社会环环紧扣，一个人违诺失信，常常会影响波及公共事业与大众利益，甚至造成严重损失。所以，慎诺重信，言必信，诺必果，是青少年学生从小应该养成的好品质，是一代新人自重自爱的表现。

误区7：诚信只能对亲友

误区描述： 做生意的人没有谁会把真实进价说出来的。人生有时也是生意。

分析与纠正： 诚信是一个道德范畴，即待人处事真诚、老实、讲信誉、言必信、行必果，一言九鼎，一诺千金。在《说文解字》中的解释是："诚，信也"，"信，诚也"。可见，诚信的本义就是要诚实、诚恳、守信、有信，反对隐瞒欺诈，反对伪劣假冒，反对弄虚作假。

1. 诚信是支撑社会道德的支点。

诚信是我国传统道德文化的重要内容之一，"诚信者，天下之结也"就是说讲诚信，是天下行为准则的关键。在我国传统儒家伦理中，诚信是被视为治国平天下的条件和必须遵守的重要道德规范。古代圣贤哲人对诚信有诸多阐述。比如：孔子的"信则人任焉"，"自古皆有死，民无信不立"，"人而无信，不知其可也"，"民以诚而立"；孟子论诚信"至诚而不动者，未之有也；不诚，未有能动者也"；荀子认为"养心莫善于诚"；墨子曰"志不强者智不达，言不信者行不果"；老子把诚信作为人生行为的重要准则："轻诺必寡信，多易必多难"；庄子也极重诚信："真者，精诚之至也。不精不诚，不能动人"，庄子把"本真"看做是精诚之极致，不精不诚，就不能感动人，这就把诚信提高到一个新的境界；韩非子则认为"巧诈不如拙诚"。

总之，古代的圣贤哲人把诚信作为一项崇高的美德加以颂扬，生动显示了诚信在中国人心目中的价值和地位。从古到今，人们这么重视诚信原则，其原因就是诚实和信用都是人与人发生关系所要遵循的基本道德规范，没有诚信，也就不可能有道德。所以诚信是支撑社会道德的支点。

2. 诚信是法律规范的道德。

诚信原则逐步上升为一种法律原则始自罗马法，后来被法制史中重要的民法所继承和发展，比如法国民法、德国民法、瑞士民法等。如《瑞士民法典》总则中的第二条规定："任何人都必须诚实地行使其权利并履行其义务。"

诚实信用也是我国现行法律一个重要的基本原则，在《民法通则》、《合同法》、《消费者权益保护法》中有明确的规定。由于其适用范围广，对其他法律原则具有指导和统领的作用，因此又被称为"帝王规则"，可见"诚实信用"是并非一般的道德准则。在诚实信用成为法律规范的时候，违反它所承受的将是一种法律上的责任或者不利于自己的法律后果，这种法律后果可以是财产性的，也可以是人身性的；可以是民事的、行政的，甚至可以是刑罚。因此，诚实信用又是支撑社会的法律的支点，是法律规范的道德。

3. 诚信是治国之计。

诚信为政，可以取信于民，从而政通人和。倘若言而无信、掩人耳目、弄虚作假，社会就无从安定。古有"欺君之罪"，"欺君"不仅是冒犯尊严，而且会误导决策，祸国殃民。"欺民"亦不可，所以有"水可载舟亦可覆舟"之说。中国古代有商鞅立木树信的佳话，也有不讲诚信而自食恶果的烽火戏诸侯。中国古代思想家更是把"诚信"作为统治天下的主要手段之一。唐代魏征把诚信说成是"国之大纲"，可见"诚信"的重要性。

当前党和国家提出的"以德治国"，是诚信为政的体现，也是对我国优秀政治思想的继承和发扬。落实"以德治国"，贯彻《公民道德建设实施纲要》，在全社会倡导诚实守信的精神品质，是对优良传统的继承，也是时代的要求。

4. 诚信是行业立身之本。

诚信是为人之道，是立身处事之本，是人与人相互信任的基础。讲信誉、守信用是我们对自身的一种约束和要求，也是外人对我们的一种希望和要求。如果一个从业人员不能诚实守信，那么他所代表的社会团体或是经济实体就得不到人们的信任，无法与社会进行经济交往，或是对社会缺乏号召力和响应力。因此，诚实守信不仅是社会公德，也是任何一个从业人员必须遵守的职业道德。

诚实守信作为职业道德，对于一个行业来说，其基本作用是树立良好的信誉，树立起值得他人信赖的行业形象。它体现了社会承认一个行业在以往职业活动中的价值，从而影响到该行业在未来活动中的地位和作用。

"人无信不立"，对一个行业来说，同样只有守信用、讲品德，才能从根本上做好行业品牌，树立良好的行业形象。

5. 怎样看待学生中的不诚信行为？

青少年要想成为对社会和国家有用的人，就必须从诚实守信做起，"对人诚实，对事负责"，养成良好的诚信品德。

什么是诚实守信？诚实守信就是忠诚老实，信守诺言，是待人接物方面的一种重要的行为准则，千百年来一直被视为做人的美德。所谓诚实就是不讲假话。所谓守信，就是信守诺言，说话算数，讲信誉，重信用。诚实和守信两者意思是相通的，是互相联系的。诚实是守信的基础，守信是诚实的具体表现，不诚实很难做到守信，不守信也很难说是真正的诚实。

在日常生活中，诚实守信是很重要的。青少年学生的主要任务是学习，生活中的主要事情是与人交往。在部分中小学生里有不诚实、不守信用的现象。少数青少年不诚实行为主要表现在说谎和抄袭作业两个方面。就说谎这种不诚实行为有三种情况：

一是在父母面前说谎。谎报学习成绩，涂改成绩报告等；放学贪玩回家晚了编假话骗父母；犯了错误瞒着父母等。

二是在老师面前说谎。代替父母签名、写留言、写假条，或找同学代写以欺骗老师。

三是在同学面前说谎。吹嘘自己家庭如何有钱有势，吃喝穿戴如何高档。

这些说谎行为，说明少数中学生还没有形成正确的价值观和良好的诚实守信品德。

一项调查显示，有36%的同学是为了免遭父母责备打骂而说谎。有17%的学生认为，在老师面前说谎，是为了江湖义气，认为不能出卖朋友，认为多个朋友多条路，多个冤家多堵墙，认为讲了真话同学会怨恨自己，报复自己，对自己不利；还有的认为，在老师面前说大话可以赢得老师的好感。在同学面前说谎，是虚荣心在作祟。

抄袭作业是更为严重的欺骗行为。抄袭作业实际上是偷取别人的劳动成果，是不诚实行为，对学习是十分不利的。而这类行为在中学生中较多，据对学生的问卷统计，约23.9%的学生有过这种行为。

一是请别人代做作业，自己则坐享其成。这类行为大都出现在寒暑假作业及平时作业量大的情况下。有的学生甚至花钱请别人代做。

二是抄袭作业，有全部照抄的，也有部分抄袭的。这类行为有多种情况：①学习困难的学生确实无能力独立完成作业，又怕完不成作业被老师批评，恐惧心理和畏难情绪交织在一起，于是选择了又省力又能向老师交差的捷径。②有些学生自信心不足，怕自己做得不对，而抄袭别人的作业。③为了得高分，为了赢得老师的好评而抄作业，这类学生主要是虚荣心作怪和贪图省力，他们想将作业做得好一点，但又不肯下苦功夫。

一个合格的中学生不应该贪图享受、蒙骗老师、欺骗父母，而应该发愤图强，成为诚实守信的学生。踏踏实实做事，老老实实为人，这是做人做事的基本准则。对中学生来说，踏实做事就是努力学习，形成科学的态度。"知之为知之，不知为不知，是知也。"抄袭作业，既蒙骗了老师和父母，又欺骗了自己，这是一种扭曲的荣辱观。老实为人就是要真实、真诚，说实话，讲诚信。

误区8：取信于人要会忽悠

误区描述：要让人相信你，你就得会忽悠。

分析与纠正：想得到别人的信任吗？这要看你怎么对待他们，并且要比他们所期待的还要大方，出手越快越好。最新的一项脑科学研究发现，人的想法其实就是一场"信任"的游戏。

这项研究是由美国贝勒大学医学院神经科的P. 雷德·蒙泰戈博士主持的。参加实验的学生共有48对，互不认识，每一对都有一位"投资者"和一位"受托者"。实验以下列方式进行：在20美元以内，"投资者"可以给予"受托者"任何数量的金额，一到"受托者"手中，该金额即视为成长3倍。然后，"受托者"可以决定还给"投资者"金额的数量。他们不可以聊天、握手、签合约或做其他事情。

雷德博士在实验过程中观察学生大脑的活动情况，结果发现，当对方

表现得比自己的期望还要大方时，脑部"尾状核"区就会出现惊喜的讯号，研究人员指出，这就是对"慷慨大方"的感应区。实验还发现，当"受托者"退还的金额比"投资者"预测的要多时，"投资者"就会在下一回合给予更多的金额，可见，大方是可以增加信任的。

古人云：人无信不立。在人际交往中，想要别人建立对自己的信任，我们不妨利用上面的科学发现，从下面几点进行尝试。

大方是建立人际信任之源。从生物进化角度讲，上述结果是有必然性的。因为在资源匮乏或相对匮乏的社会中，人类个体间存在着利益冲突，只有既竞争又合作，才能共享资源，达成"双赢"，这就需要人际信任。信任也就与"利"存在着天然的联系。心理学的研究表明，交往关系中的互惠行为能够促进双方的信任。

大方不局限于金钱、物质。大方体现在待人接物方面就是要不吝啬，除了基本的物质需要以外，人们也期望得到他人的认同、赞美、同情、宽容、尊重、理解等。因此，人际交往中，既不要当一毛不拔的铁公鸡，也不要在满足他人心理需求方面当小气鬼。慷慨赞美他人的言行、宽以待人、不斤斤计较等，都是对他人大方的表现。

认准表现"大方"的时机。在交往之初，相互之间不熟悉，也就很难谈得上信任，对对方的大方行为预期也就比较低。如果你在对方存在某种急需的时候满足了他，就会让他感到很意外，其脑部"慷慨大方"感应区就会高度兴奋，有助于建立对你的信任。

尝试着"表现大方"。"受人滴水之恩，当以涌泉相报"的观念，"投之以桃，报之以李"的做人准则，已经深植于国人的心里。心理学的研究表明，交往关系中的互惠行为能够促进双方的信任。如果你在别人眼中是个小气鬼，你不妨尝试着表现大方些；如果不能表现得大方些，也可以尝试装着大方些，这能促进你进入大方、互惠的人际互动循环中。

当然，除此之外，去掉虚假、虚伪、欺骗乃至包装的行为，开诚布公、心胸坦荡地与对方沟通，坚定不移的忠诚，清廉、正直的品格，言必行、行必果的行动，也都是取得别人信任不可或缺的条件。

误区9：隐瞒自己犯的错误

误区描述：天知地知，你不知我知，干吗要说出来？

分析与纠正：犯错误的人往往因为怕受责罚做出一些很极端的行为，那么一旦自己不慎犯错误后，很想承认，但又怕因此而遭到非议和责骂怎么办呢？

1. 要勇于承认错误，同时做好接受批评的思想准备。

犯了错误不及时承认，会给自己带来很重的心理负担，影响自己的情绪和学习。犯了错误，想不让别人知道是不可能的，与其让别人发现你的错误加重责怪你不诚实，不如主动及时承认，尽早放下思想包袱。

承认错误最好选择在老师家长尚未发现之前，承认错误时态度要诚恳，不可以为了应付过去而含糊其辞，态度不明朗，这样反而得不到别人的谅解。要相信家长老师及同学的宽容，同时诚恳地接受批评，认识到自己的错误带来的后果及可能给他人带来的伤害，这样就不会感觉别人对自己责怪的过分了。

2. 要重视分析产生错误的原因，注意吸取教训。

仅仅承认错误还不够，还要知道自己错在哪里和为什么会错，不要轻易原谅自己的错误，要吸取教训，提高认识，努力避免下次再犯同样类型的错误。当自己实在不明白为什么会错的时候，可以请教老师和家长，也可以请自己的好朋友帮自己进行分析，并请他们督促和提醒自己不再犯类似的错误。"吃一堑，长一智"，犯了错误后要使自己变得聪明起来。

3. 要勇于改正错误，设法从其他事情上加以弥补。

要有从哪里摔倒就从哪里爬起来继续前进的勇气，不能"因噎废食"，"一朝被蛇咬，十年怕井绳"，从此一蹶不振。如果没有挽回错误的机遇，要从其他方面寻找机会加以弥补，如多做一些对集体和他人有益的事，关心体贴老师、父母等。

青少年时期犯错误是不可能避免的，任何一个青少年不可能不犯错误，而是在犯错误中成长起来的。更进一步说，做错事，犯错误，是一个人成

长过程中不可避免的，一辈子不做错事，不犯错误的人是没有的，难能可贵的是敢于正视它。

误区10：帮朋友隐瞒错误

误区描述：朋友之间要互相帮助，要讲义气，就要帮朋友隐瞒错误。

分析与纠正：隐瞒他人的错误，是学生在相互交往中常见的现象。有的同学在好朋友犯了错误后，不是及时帮助他改正错误，而是替他隐瞒，认为这样才是够朋友，才对得起同学；有的怕说出来伤了同学间的和气或招来麻烦，不敢说；当然也有些同学看到别人犯了错误敢于揭发，但由于方法简单或缺乏帮助别人改正错误的诚意而影响了同学间的团结。

遇到这种情况，你一定感到很棘手，向老师反映真实情况怕"出卖"朋友，不向老师如实说，又会背上不诚实、是非不明的"罪名"。其实要解决这个问题并不难。

你应该从关心、爱护朋友的角度出发，不姑息、不迁就、不包庇你的朋友。要明是非，守原则。一方面直言指出他的问题和错误，诚恳地、热情地去帮助他认识错误，帮助他分析利害关系；另一方面主动地把情况如实地向老师反映，以征得老师的帮助、教育，这样有利于及时帮助你的朋友认识错误并改正错误。

尽管这样做有时会被朋友误解，认为你不够朋友，会使你的心里十分难受。但这与"出卖"朋友完全是两回事，相反，这是一种与人为善、忠诚友谊的实实在在的行动。只要你真心诚意地帮助他，他最终总会幡然醒悟，一定会理解你的。

假若你对朋友犯的错误，置若罔闻，帮他作伪证，你同样也犯了错误。这样做表面上看的确够朋友，而实际上你算不上真正的朋友，这也不是爱朋友，而是害朋友，并且还错过了请老师提供帮助这一好机会。

人的思想会发生变化的。犯了错误的人一旦提高了认识，承认了错误，而你还在替他隐瞒，那你不是很被动吗？甚至由于掩盖了这一次错误，你的朋友还会犯更大的错误，到时你定会感到很内疚，觉得自己有愧于"朋友"这两个字。

真正的朋友应当以诚相见，他有成绩应该为他高兴，他有错误，应当敢于提出批评，向老师如实地反映情况，不替朋友作伪证，这本身就是真诚地对待朋友的表现。当他认识到错误，并改正错误继续前进时，他一定会为有你这样一位真正的朋友而感到骄傲。

误区 11：撒点小谎没什么

误区描述：这世上除了白痴没有人不说谎的，对亲友至少还有善意的谎言，对敌人也许需要恶意的诚实。

分析与纠正：说谎是一种用语言虚构、捏造事实来掩盖自己的意图，或用不正确的方式隐瞒部分或全部事实的欺骗行为。说谎是当今中小学生中的普遍现象，甚至有些学生说谎水平之高常常出人意料。有人做过这样一个调查，问题是"你说过谎吗？"结果是 100% 的成年人（包括中学生和小学高年级的学生）都坦率地承认自己说过谎，并能坦然列出自己的几个谎言；而小学中年级的学生则是先会问为什么，在觉得说出后对自己没有危害才承认自己说过谎，并很不情愿地说出说谎的理由；小学低年级的学生却大多数先说自己没说过谎，在老师追问或诱导下才承认自己说过谎。从主观上来说，主要原因有：

1. 逃避心理。

为推卸责任、逃避批评惩罚而说谎。一般来说，小学生已经具有一定的判别是非的能力，他们对自己因难于自控而犯下的过错是有所知觉的。但又害怕受到批评、指责或者惩罚，他们会想法来掩盖真相，推卸责任。

2. 维护自尊。

此事在年龄较小的儿童身上常见。孩子缺乏判断力，认识事物的能力有限，有时不善于将想象与现实分清，由此而造成说假话的现象是很常见的。比如小吴看见同桌小林的漂亮妈妈来学校接他很自豪，便对其他同学说："我妈妈比她更漂亮！"其实小吴的妈妈并不是很漂亮，只是不想让小

林太得意。

3. 虚荣心理。

年龄稍大点的学生期望得到他人尊重，取悦他人，自己的能力又达不到目标，于是就以撒谎来炫耀，满足虚荣心。如说谎提高成绩，或吹嘘自己，让人刮目相看。

4. 懒惰心理。

一些学生学习懒散，喜欢用简单、不费力的方式去达到目的。说谎就是最轻松、方便的手段。如骗老师说自己早已完成作业。

学生说谎，是一种不敢正视某种事实的表现。在种种利害关系面前，他们采取逃避不利、趋向有利的选择，实际上是错误的。长期不诚实而且撒谎的性质涉及到了道德、品行方面的问题，就是一种品行障碍。所以作为学生应注意自行纠正：

1. 坦白说谎动机，正视反省自己。

说谎都有其一定的心理原因，反省自己的动机，并向老师或他人坦白，就一定会得到它们尊重、关爱、宽容、真诚接纳，从而感受到安全、温馨、被信任，也不会挨批受罚。所以学生应该正视自己，反思自省，乐于改正。

2. 引导自我教育，自化心理压力。

这是改正说谎行为的有效方法。学生容易在有压力的环境下说谎，那么同样可以通过自我心理调节，设想减少外界环境的压力，这实质是减少了自己说谎的机会。可以寻找撒谎危害的资料以自学、思考，通过自我教育，懂得讲假话将贻害无穷，懂得真诚是一种心灵的开放，生活是欺骗不了的，重要的是讲真话。巴金曾说过："说真话不应当是艰难的事情……自己想什么就说什么；自己怎么想就怎么说——这就是真话。"只要懂得诚实，遵守纪律，又有一定程度的自由，是能够改正说谎行为的。

3. 自我暗示鼓励，形成改正内驱力。

所谓暗示就是不加批判地接受一种意见或信念，从而导致自己的判断、态度及行为方式改变的心理过程。积极的自我暗示能产生巨大的内驱力，使人自信、自强不息。一般的做法是：把自己的优点、长处写在纸上，激励自己去完成任务或改正行为。如"撒谎害人害己要彻底改"、"我一定能改掉撒谎的坏习惯"等，不断鼓励自己坚持良好行为，坚持自我暗示，就能逐步改掉坏习惯。

4. 消灭在"第一次"，及时根治说谎。

说谎往往是日积月累而成的，而且这种不良行为一旦形成，纠正起来就比较困难。第一次说谎，内心矛盾重重，想承认错误，又怕失去信任。因此，抓住第一次说谎时机，进行彻底自我反省，就显得尤为重要。因是初犯，通过自我反省，自我责备，自我保证不再说谎，重新做一个真诚的人，这样就容易收到成效。

5. 实施行为疗法，自我观察管理。

对说谎时间长，难于自控的学生，还要开展行为疗法。即与他人协商，以签订合约的方式，直接帮助自己自我观察、自我管理，消除、纠正不良行为，建立良好行为。

出现良好行为时，帮助的人及时给予奖励和肯定评价，使之保持、巩固、发展；未能完成目标，则按约定给予自我惩罚，以示警醒。可设"每天目标行为自评表"，自己如实填写，教师、家长或小伙伴负责督促。持之以恒，定能改变。

误区 12：不要总想着去改善"人缘"

误区描述：别指望人人都会喜欢你，你又不是人民币。

分析与纠正：每个人生活在社会中，都希望得到大家的友谊、支持和帮助。同学们在校园、班级中生活，也希望这样，可是并非所有人都做到了这样。有的同学在班级同学中如鱼得水，而有的同学形单影只，没有人缘。

所谓人缘，就是一个人的群众关系。一个人在社会中生活，总希望得到别人的友谊、支持和帮助，而这首先要有一个好的人缘。一个人的群众关系的好坏，原因不在别人而在自己。群众好像一面镜子，一个人在这面镜子里的形象如何，完全是他自己言行效果的客观折射。言谈话语中流露出傲气，大事做不来，小事又不愿做，脏活儿累活儿不沾边，有些娇气，这样的人，别人当然不会买你的账。

一个人的人缘好不好，实质上是他的价值被别人承认到何种程度。我们不能小看这个问题，它关系到一个人的前途和事业。因为，任何人离开了人们的支持，只能是一事无成。

要做到人缘好，并不是很难的，只要从以下几方面努力，一定会收到好的效果。

1. 矛头对准自己。

客观、冷静地分析问题究竟出在哪些方面。是否是个性上的问题，比如不大合群，喜欢独处因而长期疏远了他人？是否有娇、骄二气，引起别人反感因而使别人疏远你？是否有点儿自私、爱占小便宜，大家对你有看法不愿与你交往？是否说话做事不慎，比如好冲人，使他人不愿意答理你，等等。

2. 针对自身问题，从现在做起。

立即着手改正。针对个性问题，推动自己积极投身于集体之中、活动之中；针对娇气、骄傲自满的毛病，相应地锻炼、克制、消除；针对自私心理，加强道德感的培养、学习，将"我"放到班级、学校、社会去体验；针对说话做事的简单冲动，加强自身修养的磨练。以上这些可以制订计划去落实，并可以请外界监督帮助自己改正。

3. 与人为善，善待他人。

不是虚伪地讨好，而是真诚的善意。善意地看待和对待他人，发现他人的好处、长处、优点，好言人之善，学会赞扬别人，学会用信任去赢得信任。一个"善"字定下了人缘之所以好的基调。你的善意也会相应地使大家产生对你的善意，愿意接近你、信任你、与你交往，人缘就产生了，你周围人缘好的人正是这样做的。

4. 关心他人，乐于助人。

人缘好的人也必然是通过他的积极行动，表明大家都需要他、而他也乐于付出的人。那种对他人、对集体抱冷漠态度、决不为别人做一点事的人，是不会有好人缘的。在对他人的关心、帮助中体现了你的价值，证明了你的为人，会产生一种自然的趋向，人们都喜欢你，喜欢与你在一起。为他人、为集体多做贡献吧，他人和集体决不会忘记你的。

5. 对自己的内在、外在形象进行塑造也很重要。

你在这个圈子里某些方面很出众，学识才能很高，对待实际问题很有办法，言谈举止自有一种魅力等，当然会促使周围人们和你接近，有利于你扩大人缘。因此同学们要很好地塑造自我形象，丰富充实自己，当然这同时务须注意力戒自满自傲才行。

人缘的好坏，关系到我们现在和未来（指进入社会）的地位、前途和事业，愿每个同学都以你的良好思想言行去获得好人缘。

误区 13：友谊来自缘分

误区描述：能不能成为朋友靠缘分，有些人你无论做出多少努力也成不了朋友。

分析与纠正：有句话说得好，千里难寻是朋友，朋友多了路好走。有不少同学渴望友谊，爱交朋友，但他们往往不懂得珍惜友谊，结果使得自己的朋友越走越远。

人是群居动物，我们生活在群体中，总希望有更多的朋友支持、帮助，使友谊之树常青。要做到这一点，你就得待人热情，乐于助人。

任何人在生活的道路上都会遇到挫折，都会有困难，但是别人的困难，对你来说也许只是易如反掌的事。这个时候伸出你的援助之手，用真诚的帮助去感化你身边的同学，相信你一定会收获一份终生受益的友情。

任何一个肯关心、帮助别人的人，都能赢得别人的尊敬。另外，谦虚谨慎、尊重别人是友谊之树常青的保证。那些目空一切，眼中无人的人，谁还愿与你交朋友？放纵任性、容不得人、斤斤计较是友情的大敌，没有人愿意和一个随心所欲、吝啬、妒忌心重的人交往！

愿你以诚待人，乐于助人，谦虚谨慎，戒骄戒躁，赢得长存的友谊！

青少年朋友之间经常通过语言和行动来表达彼此的友谊，有利于保护和发展彼此之间的感情。但是，该如何表达彼此之间的友谊呢？

有的同学见朋友与别人发生了矛盾，为了表示自己够朋友，不由分说，上去就把别人"教训"一顿；有的同学知道朋友犯了错误，当老师调查到他头上时，他为了表示"够朋友"、"讲义气"，帮朋友隐瞒错误；考试时，见朋友不会做题，为了表示友谊，帮助朋友作弊，如此等等。这些，都不是真正的友谊，结果只能害了自己的朋友。

朋友之间的友谊表达，应注意以下几点：

1. 当朋友取得成绩或做了有利于他人和集体的好事时，为他感到高兴，并向老师汇报，建议老师在班级上对其进行表扬；当朋友受到表扬时，及时向他表示祝贺。

2. 当朋友犯了错误时，应坦率、真诚地向朋友指出，帮助朋友终止正在犯的错误；朋友犯错以后，我们应该大胆地对其进行批评，敢于做"诤友"。

3. 当朋友有困难时，我们应主动热情地给予帮助。例如：朋友是班干部，我们积极协助他抓好工作；朋友如果学习遇到困难，我们应诚心诚意地帮助他提高学习水平，鼓励他树立信心；如果朋友是残疾同学，我们就坚持为他提供各种方便；如果朋友生病了，那么，我们可以带上一束鲜花，去鼓励他战胜疾病；如果朋友家中遭遇到不幸，我们可以细心地了解情况，关心他、安慰他，还可以走访到他的家庭，同他的家人交谈，给予安慰。

4. 当朋友同其他人产生矛盾纠纷的时候，我们应及时进行调解，使他们消除矛盾。绝不可以在朋友面前加油添醋，攻击朋友的对立面，那样只会使问题更难解决。

5. 当朋友误解你时，你应能给予宽容，坦率地加以解释。如果不行，还可以请老师或其他同学帮忙做工作。总之，要避免激化矛盾。不能采取"你不同我好，咱们就拉倒"的消极办法。反之也一样，当朋友对你产生看法的时候，不要闷在心里，也不要乱猜疑，而应及时同朋友交换意见，通过坦率、诚恳地交谈，消除误会，消除隔阂，使你和朋友间的关系更为密切。

误区 14：正常不过是争吵

误区描述：世界之所以美丽就在于五彩缤纷，没有争吵的世界该是多么寂寞啊。

分析与纠正：在社会中生活，难免不与人发生争吵。但争吵往往深深伤害彼此之间的感情，不利于团结友爱，甚至带来严重的社会后果，破坏了社会的和谐。因此，青少年学生尽量避免和身边的人发生争吵，不可避免的话也要尽力去弥补。一旦与人发生争吵，要尽自己最大的努力来妥善处理。可以通过以下的方式：

1. 正确认识。

青少年朋友"血气方刚"，遇事容易发火，常引发争吵，这几乎是我们学生的"通病"。青少年朋友为什么容易发火呢？这应当从生理、心理发展来分析。从生理上看，青春期阶段正是一个人各种腺体分泌旺盛的时期，它们具有促使人感情剧烈波动的作用。从心理上分析，年轻人特别看重伙伴和友谊，他们渴望得到伙伴的承认和尊敬。这就驱使他们，在任何场合中，都尽可能表现出勇敢、坚定而不甘退缩。因此，学生中出现"逞强好胜"的毛病，就不足为奇了。

2. 冷静选择。

一位名人说过："从来战争里就没有真正的赢家，总是两败俱伤。"争吵也是这样。既然如此，我们为什么不选择好的结局呢？当代作家刘心武建议人们："在人际碰撞中要学会合理、必要、及时的妥协，掌握一门妥协的艺术。"我们这些年轻气盛的学生，就更应该努力战胜自己生理、心理的"毛病"，去积极地研究这门艺术了。

3. 掌握艺术。

怎样才能使争吵合理地解决呢？这需要我们掌握一些解决争吵的艺术。

（1）求同存异。争吵有时是由于意见分歧引发的。在这种情况下，要建议对方，暂时避开某些分歧点，寻求某种共识，以达到冲突的逐步解除。

（2）主动谅解。当引起争吵的责任和原因主要在对方时，我们就要有"高姿态"，采取主动谅解的方法来化解矛盾。发生争吵之后，不管自己是否有道理，主动向对方道歉。

一些人会觉得这样自己很没有面子，其实不然。如果道理在别人一方，我们应该道歉；如果道理在我们一方，我们进行道歉不仅显示出自己的宽容，也给别人一个台阶下。所以，只要主动道歉，我们不仅能得到周围人的欣赏，还能将和自己争吵的人变为自己的好朋友。

（3）澄清事实。争吵有时是由于误解造成的，在这种情况下，我们就

要向对方当面讲明事情的真相，解除已有的误解，使矛盾得以解决。如果此时对方十分激动，我们最好保持沉默，让朋友把要说的话说完，并且不要当中插话，面部表情也要尽量放松，待他冷静之后再行解释，消除误会。

（4）诚恳认错。在争吵的过程中，如果你认识到，争吵是由于你的过失或你的责任所导致的，那么，你就要勇敢地承担责任，诚恳地向对方赔礼道歉，求得对方的谅解。切不要，为了面子，死不认错。科学家利斯特说："我能想象到的人的最高尚行为，除了传播真理外，就是公开放弃错误。"当过错主要在自己一方时，我们为什么不采取这种"最高尚行为"呢？

争吵的处理得当与否，对我们同学自身、对所涉及问题的解决、对我们的人际关系都是至关重要的，同学们要留心于此。

误区 15：不要施舍乞讨者

误区描述：他们很多是骗子。

分析与纠正：在繁华街道、闹市区、商业区，甚至在自家的院门口，时不时能够看到乞丐的身影。那些乞丐，有些惹人烦，不给钱不走；有些身有伤残，看上去蛮可怜；有些以卖艺为生，靠自己的歌声来讨些钱；有些编些让人真假难辨的故事，以获得人们的同情心；还有些孩子小小年纪，就沦落街头，让人看了心酸……同学们如果碰到有人向你乞讨，应该怎么办呢？

1. 对老弱病残者，要有一份同情心。

乞讨者有的身患残疾，没有工作能力，有的年迈体弱，却无人照顾，生活都难以自理，不得已以乞讨为生。无论如何，在他们的生活一时还没有保障，甚至达到饥寒交迫的程度的时候，我们要有一份同情心。因此，如果遇到像这样一些老弱病残的乞讨者，给予他们一些帮助也是合情合理，理所应当的。

2. 对临时有急难者，可给予一些援助。

出门在外，很多事情都不可预料。遇到突发事件或者被坏人算计，一时生活没有着落也是很可能的。例如有些人或财物被窃，或亲人突患急病，又举目无亲，陷于孤立无援的境地，不得不暂时乞讨。对这种人我们也应该富有同情心，毕竟大家都有落难的时候，因此，也要诚信地给予他们一些援助。

3. 对街坊邻居中受家庭成员虐待而乞讨者，要主持正义。

有些人因丧失劳动能力，受到缺乏公德的家庭成员的虐待，不得不以乞讨为生。对这样的人不仅要给予经济上的帮助，还应主持正义，帮他们向有关部门反映，制止这种虐待行为。

4. 要增强辨别能力，善于识破各种行骗者。

不可否认，在乞讨者中也混杂着相当一部分好逸恶劳的行骗者。他们利用人们的同情心想不劳而获，甚至把乞讨作为致富的门路。对这部分人要善于识别，不要上当受骗，对其中的违法者，还应及时向有关部门报告。

对付行骗者的具体方法有：对强要硬讨者，非善良之辈，要设法摆脱；花言巧语者，说得越天衣无缝，越不可信，可不予理睬；对多次碰到的熟面孔，不必给予帮助；身强力壮，可以凭力气谋生者，也不必给钱给物；对东张西望，结帮成伙，以乞讨为掩护，或顺手牵羊，或伺机作案者，要提高警惕，如有必要，应立即向有关部门报告。

总之，作为学生，我们一方面要有同情心和爱心，去帮助那些确实需要帮助的行乞者，让他们感受到社会的温暖，度过一时难关。另一方面也要警惕那些不劳而获，甚至坑蒙拐骗的行为，不可任其猖獗发展。

误区 16：帮助别人不能白帮

误区描述：没有回报的投资决不能干。

分析与纠正：人和人之间少不了相互帮助。受到别人的帮助理应感谢别人，同样自己帮助了别人，也希望得到别人回报，这是人之常情，是一种正常的心理状态。但往往事与愿违，在实际生活中，有时会出现自己帮助别人后并没有得到别人的回报，因而会产生心理不平衡，怎么办呢？

1. 要明确自己帮助别人是为了解决他人之忧，同时，也提高了自身的道德修养，得到心灵的安慰，而不是为了贪图别人的回报。当看到别人有困难需要援助时，自己如果撒手不管，过后总会感到内心不安。如果不存在助人的条件，倒也罢了，假如明明能够帮助却没有去做，自己会受到良心的谴责。看到别人在自己的帮助下顺利渡过了难关，往往比自己战胜了困难还高兴。这就是人们常赞美的品德——助人为乐。

2. 要想到自己虽帮助了别人，但却是微不足道的，因为自己也常受到别人的帮助。一个人的成长，总是处在一种社会间的"我为人人，人人为我"的实际空间中。老师、同学、朋友及许多素不相识的人，在直接或间接地帮着我们。这不一定能被我们直接感受到。你如能体会到这些，那就不仅不会计较他人是否回报自己，还会感觉到身处人帮我、我助人的氛围中的无穷乐趣，社会空间在这里净化，人类的互助互爱是多么可爱和重要。

还有一种情况是，为别人做了好事，反被别人讥笑，说你是"出风头"。因此，有些同学总结出一句话："好人做不得。"以后再也不帮助同学，再也不伸出友谊的手。久而久之，却把自己培养成了一个自私的人。其实，这是一种消极的心理状态，是不断完善自己的巨大心理障碍，严重一点还会导致一个人心灵扭曲。

首先，一个道德修养好的人，应富于同情心和友爱心。只要别人有困难，就应该毫不犹豫地伸出友谊的手，而不是想得到什么回报，存有什么奢望，而是把为别人做好事看作是应该的，把它作为一种快乐。

其次，要有宽容的态度。对一些为别人做了好事，反遭怪罪的"好心没好报"的事，得先检查一下自己，是不是帮了倒忙，给别人带来了麻烦，如果是这样，就应该向别人道歉。不要认为自己是好心，即使做坏了事也是好意。

你应该吸取教训，以后不要再做这种事。如果确实是为别人做了好事，对方不但不领你情，反而以某些原因怪罪你，你也不必计较，因为你本来就不是为别人领情而做好事的。

至于那些讽刺、挖苦别人做好事的人，你就更不必理睬。因为这些人本身缺乏道德修养，他们缺乏同情心和友爱心，他们生怕别人做了好事会受到表扬和宣传，可自己又不愿意为别人做一点牺牲。因此，就在背后说三道四，讽刺挖苦别人。对这种人，你如果计较的话，岂不降低了自己的人格？

总之，帮助别人不图回报是一种美德；帮助别人引以为乐是良好素养，社会需要人们相互关心，互相爱护和互相帮助，从"把关心留给他人"出发，让助人为乐精神在人们心中生根开花。只要你认定自己做的是有益于别人的事，就不要在乎别人的态度。只要心胸坦荡，言行磊落，完全可以我行我素。时间一长，别人都会理解你、赞美你。

误区 17：倒霉的人活该

误区描述：我倒霉时怎么没人帮我啊？

分析与纠正：天有不测风云，自然灾害常常让人猝不及防。当灾区人民处于水深火热之中，每一个人都有义务为灾区的人民做点事，献出一份爱心。你作为一名班干部，当外地遭受自然灾害的时候，应该怎样组织捐款活动呢？

首先，我们必须了解灾区的真实情况，看看灾区人民目前的主要困难和亟待解决的问题。在为灾区人民组织募捐活动时，一定要把活动的意义向同学们讲清楚，尽可能地把灾区的受灾情况和当地人民抗灾的壮举、全国各地人民支援灾区的情况介绍给同学们，采取多种形式搞好宣传鼓动工作，提高同学们对募捐活动的认识。

其次，号召同学们把零用钱、压岁钱捐献出来；可以和勤俭节约的传统教育结合起来，提倡为支援灾区，厉行节约，踊跃捐款。对捐款中的突出事例要及时宣传，扩大影响，增强感召力。在捐款的同时，可以请同学们谈谈感想，讲讲体会，增加同学们之间的情感交流，扩大声势。还可以和学校有关部门联系，利用已有条件开展活动。如卡拉 OK 演唱等，让同学们在活动中唱一曲歌，献一片情，主动捐款。

与此同时，可以组织同学们走出校门到社会上去。利用广播、黑板报、宣传专栏等媒介，大张旗鼓地宣传，使听者明其义，观者感其情。同学们可分成若干小组在繁华闹市、交通要道口的附近，如百货公司、影剧院、新华书店的旁边设立台站。同学们身披明显的佩带标志，边宣讲，边请路人捐款。

"多难兴邦。"坏事可以变成好事。在灾害考验面前，我们的捐资有限，但笔笔捐款寄深情，都凝聚着我们对灾区人民的一片爱心，体现了"一方有难，八方支援"的精神，表达了与灾区人民同呼吸、共命运的情谊，也体现了社会主义大家庭的温暖。

误区18：我想爱国可国不爱我

误区描述：爱国意识源自于爱家、爱乡意识的扩大。可是总感觉国家不爱我，我又如何去爱国？

分析与纠正：邓小平同志曾经指出：中国人民有自己的民族自尊心和自豪感，以热爱祖国贡献全部力量建设社会主义祖国为最大光荣，以损害社会主义祖国利益尊严和荣誉为最大耻辱。在新的历史条件下，继承和发扬爱国主义优良传统，弘扬民主精神和时代精神，做一个忠诚的爱国者，是对当代学生的基本要求。

1. 应该努力培养热爱祖国、立志为祖国献身的基本素质。

"爱国者"是一个抽象的概念，是人们对那些热爱祖国的并具有愿为祖国献身精神和行为的人的一种尊称。爱国主义在不同的时代，不同国度以及不同身份的人的身上有着不同的体现。

例如，我国南宋爱国名将岳飞为御外侮，坚决同朝廷权贵抗争，不惜血染风波亭。

再如，著名数学家华罗庚教授，当从报纸上看到新中国宣告成立的消息后，毅然放弃在美国的优厚工作条件和生活待遇，带领全家回到祖国的怀抱，为我国科学事业的发展作出了杰出的贡献。

岳飞和华罗庚，他们虽是不同时代的人，但他们具有共同的品质——当祖国和人民需要自己的时候，毫不犹豫地挺身而出，视祖国的利益高于一切，为祖国奉献自己的一切甚至生命也无怨言。这是所有爱国者的共同特点，也是一个爱国者必须具备的基本素质。这一素质体现在青少年身上，主要表现为热爱集体，关心国家大事，忠于祖国和人民等。

2. 要增强民族自信心并树立崇高的民族气节。

民族自信心是民族心理素质中的精粹，是国民热爱自己祖国，努力为之奋斗的精神支柱。我们的国家是具有五千年发展史的文明古国，我们的民族是世界公认的勤劳勇敢，聪明智慧的民族。我们的祖国曾一度沦为半殖民地半封建地的社会，但中国人民在中国共产党的领导下，推翻压在自己头上的三座大山重新站起来了。

社会主义不仅开创了中国历史的新纪元，而且为中国初步奠定了现代化建设的基础，给中国带来了新的光明和希望。我们要懂得我们的过去，更要看到我们的今天和将来，从而增强民族自信心和自豪感，不应该一味地认为别的国家什么都比我们好，自己国家什么都不如别人。

我们还应该像众多的爱国名人那样，保持崇高的民族气节。我国古代著名的爱国者苏武，代表汉朝出使匈奴被扣十九年，渴饮雪饥吞毡，牧羊北海、心存汉稷，不辱使节，其崇高的民族气节流芳千古；近代著名学者朱自清一身重病，宁愿饿死也不吃美国的救济粮，其精神骨气令人赞叹……我们要学习他们这种坚持正义，面对外辱自觉维护祖国和民族尊严的崇高气节。

3. 要以建设祖国，保卫祖国，推进民族自强为己任，锻炼过硬的本领。

我们今天的学习，是为了明天能更好地建设祖国和保卫祖国。祖国明天的繁荣和富强，离不开她的儿女们的共同努力。我们作为祖国跨世纪的建设者，身负重任，应当从现在起牢固树立报效祖国的坚定信念，并努力锻炼过硬的本领。

"万丈高楼平地起。"青少年时期精力旺盛，才思敏捷，接受能力和记忆力、想象力、创造力等均处于最佳状态，正是人生旅途中汲取知识，增长才干的黄金时代。

同学们应该好好珍惜，刻苦学习并自强不息，要把"热爱祖国"落实在行动上，从现在做起，从身边做起。要以坚韧不拔的毅力和顽强不息的精神，为将来更好地报效祖国而不断努力。

误区 19：无须培养社会责任感

误区描述：责任和权利是对等的，社会没有给我权利，我何须去负社会责任？

分析与纠正：责任感也称责任心，是人们对自己和他人、对家庭和集体、对国家和社会承担义务的一种复杂情感的体验。社会责任感是指一个人或一个团体对社会有所奉献的意识。培养中学生责任感是一项育人的系统工程，需要学校、家庭、社会各方面教育的共同努力。中学生应如何培养社会责任感呢？

1. 从学习中培养"学海无涯苦作舟"的求知责任感。

古人说："书山有路勤为径，学海无涯苦作舟。"意即学习贵在勤奋刻苦，没有止境地学习。人要想不断地进步，就得活到老学到老。在学习上不能有餍足之心。

从古至今，有成就的人，哪一个不是从勇于学习，不断钻研中受益的呢？学习需要全神贯注，抛开一切无聊的想法，让自己沉醉在学海中，主动去学习，才能真正学到知识。学习没有真正的强者与弱者，只有不懈地探索与追求。

在当前改革开放的新形势下，各行各业需要品学兼优的人才，作为跨世纪的新人，要想适应社会的要求，从现在起就必须树立为建设祖国而努力学习的动机，养成良好的学习习惯，出色完成每一项学习任务，这是责任感的具体表现。有了这种责任感，学生学习就会有动力，学习就会有目标。

2. 在勤俭节约中培养艰苦奋斗的责任感。

"历览前贤国与家，成由勤俭败由奢。"艰苦奋斗、勤俭节约，也是我们中华民族的传统美德。作为与时俱进的中学生，大多数都是独生子女，我们从小就生活在安定舒适的环境里。但是，我们却应怀着以天下为己任的宏伟情怀，怀着对时代的责任感，传承勤俭节约的传统美德。

从我做起，从点滴小事做起，把勤俭自觉落实到学习生活的每一个细节，共同为创造节约型社会而努力，比如，不开无人灯、无人电脑、无人电视，用完水后及时关掉水龙头等，从自己做起，从一点一滴做起，从培养勤俭节约中培养艰苦奋斗的责任感，才能把自己造就成能担任重任的人。

3. 从平时的言行举止和待人接物中培养讲礼貌、讲文明的责任感。

在平时的谈话中，要注意场合，使用礼貌用语，态度友善，接受或递送物品是要起立并用双手。未经允许不进入他人的房间、不动用他人物品、不看他人信件和日记。不随意打断他人的讲话，不打扰他人学习、工作和休息，妨碍他人要道歉。

上、下课时要起立向老师致敬，下课时，请老师先行。尊重教职工，见面行礼或主动问好，回答师长问话要起立，给老师提意见态度要诚恳。更要学会去关心、爱护身边的人，甚至是一个素不相识的人，只要他需要关爱，就要尽自己最大的力量来帮助他。

同学之间互相尊重、团结互助、理解宽容、真诚对待、正常交往，不以大欺小，不欺侮同学，不戏弄他人，举止文明，不骂人，不打架，不赌博，不涉及未成年人不宜的活动和场所。发生矛盾多做自我批评，要正确地看待自己和他人，找准自己的正确位置，严格要求自己。

承担起自己的每一份责任，为生活画一道彩虹。只要人人都献出一点爱，世界将变成美好的乐园。

4. 从力所能及的家务劳动中培养热爱劳动的责任感。

家务劳动是可以给学生带来责任感的生活实践。学会应该体会到劳动的艰辛，从而懂得体贴父母，更加热爱劳动，力争自己的事情自己做，家务事主动做，不会做的学着做，确保每天放学回家后 15 分钟的家务劳动时间。

做饭、烧菜、洗衣服、打扫房间各尽其能。学生分享了劳动的成果，体验了劳动的快乐，内心的义务感和责任感便会越发增强。

5. 独立完成某件事情，并为自己的行为负责，培养主人翁责任意识。

责任常体现了他人对你的信任。只有敢于并有能力承担责任，才有可能获得自由的空间。因此，言而有信，自己答应了别人，就要全力以赴尽可能做好，即使有些事自己不愿意，也必须这样去做。对于自己独立行为的结果，应该敢做敢当，不要逃避责任，要勇于承担后果甚至惩罚。

在学习生活中，主动捡起自己不小心掉下的纸屑；不小心伤害到别人，感到内疚并勇敢承担责任；认真学习，按时完成学习任务，都是对自己行为负责的表现。

做人必须要有责任感，我们在这里生活和学习，不仅要对自己的一言一行负责，还要对关爱我们，为我们呕心沥血的爸爸妈妈和老师负责，作为社会的一员，我们还要学会对国家，对社会负责，那么，就让我们从身边的每一件小事做起，努力使自己成为一个有责任心的中学生！

6. 多参加一些社会公益活动或义务劳动，在实践中加深对劳动成果的认识，体会到奉献的乐趣，从而树立帮助他人，服务社会的责任感。

中学生年龄小，力量单薄，但是可以为社会做许多力所能及的事情，比如：为贫困儿童献上一份爱心，宣传环保知识，法律知识，扶助老弱病残等。通过参加公益活动和义务劳动进一步了解社会，增进关心社会的情感。

关心社会发展，关注国家大事，通过读书、看报、看电视、上网了解国内外大事，感受蓬勃发展的生活，增强自己的社会责任感。

同时关心祖国的事业、中华民族的伟大复兴，关心身边的实际问题，并积极为解决这些问题献计献策，为社会的发展贡献自己的一份力量。

中学生要勇于承担责任，赢得别人的信任，增强自己的信心，能促进自己的成长和发展。在履行责任中增长才干，获得社会的承认和赞誉。人们只有各自承担自己的责任，才能建立良好的人际关系和稳定、和谐的社会秩序，促进社会的文明、进步和发展。

误区20：放弃，是一种无奈

误区描述：得到的越多越快乐，放弃了，失去了，当然痛苦。

分析与纠正：在生活中，我们应该学会舍，而不要一味地取。人的情感就是这样，总是希望有所得，以为拥有的东西越多，自己就越快乐。所以，这人之常情就迫使我们沿着追寻获得的路走下去。可是有一天，我们忽然惊觉：我们的忧郁、无聊、困惑、无奈、一切不快乐，都和我们的图谋有关，我们之所以不快乐，是我们渴望拥有的东西太多了，或者太执著了，不知不觉中，我们就会盲目地执著于某一件事。

韩非子讲过这样一个故事：一个人丢了一把斧子，他认准了是邻居家的小子偷的，于是，出来进去，怎么看那小子都像偷了斧子的人。在这个时候，他的心思都凝结在斧子上了，斧子就是他的世界，他的宇宙。后来，斧子找到了，他才豁然开朗，怎么看都不像是那个小子偷的。仔细观察我们的日常生活，我们都有一把"丢失的斧子"，这"斧子"就是我们热衷而现在还没有得到的东西。

譬如说，你爱上了一个人，而她却不爱你，你的世界就微缩在对她的感情上了，她的一举手、一投足，衣裙细碎的声响，都足以吸引你的注意，都能成为你快乐和痛苦的源泉。有时候，你明明知道那不是你的，却想去强求，或可能出于盲目自信，或过于相信精诚所至、金石为开，结果，不断的努力却遭来不断的挫折，弄得自己苦不堪言。世界上有很多事，不是我们努力就能实现的，有的靠缘分，有的靠机遇，有的我们要以看山看水的心情来欣赏，不是自己的不强求，无法得到的就放弃。

懂得放弃才有快乐，背着包袱走路总是很辛苦。中国历史上，"魏晋风度"常受到称颂，他们与佛、老子、孔子，哪一家也说不上，但是哪一家都有一点，在人世的生活里，又有一份出世的心情，说到底，是一种不把心思凝结在"斧子"上的心态。

我们在生活中，时刻都在取与舍中选择，我们又总是渴望着取，渴望着占有，常常忽略了舍，忽略了占有的反面：放弃。懂得了放弃的真意，也就理解了"失之东隅，收之桑榆"的真谛。多一点中和的思想，静观万物，体会与世界一样博大的诗意，适当地有所放弃，这正是我们获得内心平衡，获得快乐的好方法。

快乐有时需要我们自己去寻找、创造，创造快乐可用以下方法。

1. 精神胜利法。这是一种有益身心健康的心理防卫机制。在你的事业、爱情、婚姻不尽如人意时，在你因经济上得不到合理对待而不平衡时，在你无端遭到人身攻击或不公正的评价而气恼时，在你因生理缺陷遭到嘲笑而郁郁寡欢时，不妨用阿Q精神调适一下自己失衡的心理，营造一个祥和、豁达、坦然的心理氛围。

2. 难得糊涂法。这是心理环境免遭侵蚀的保护膜。在一些非原则性的问题上"糊涂"一下，无疑能提高心理承受的率值，避免不必要的精神痛楚和心理困惑。有这层保护膜，会使你处惊不乱、遇烦不忧，以恬淡平和的心境对待生活的各种紧张事件。

3. 随遇而安法。这是心理防御机制中一种心理合理反应。培养自己适应各种环境的能力，遇事总能满足，烦恼就少，心理压力就小。古人云："吃亏是福"……生老病死，天灾人祸都会不期而至，用随遇而安的心境去对待生活，你将拥有一片宁静清新的心灵天地。

4. 幽默人生法。这是调和心理环境的"空调器"。当你受到挫折或处于尴尬紧张的境况时，可用幽默化解困境，维持心态平衡。幽默是人际关系的润滑剂，它能使沉重的心境变得豁达、开朗。

5. 宣泄积郁法。心理学家认为，宣泄是人的一种正常心理和生理需要。你悲伤忧郁时，不妨与异性朋友倾诉；也可以通过热线电话等向主持人和听众倾诉；也可进行一项你所喜欢的运动；或在空旷的原野上大声喊叫，既能呼吸新鲜空气，又能宣泄积郁。

6. 音乐冥想法。当你出现焦虑、忧郁、紧张等不良心理情绪时，不妨试着做一次"心理按摩"——音乐冥想，逛"维也纳森林"，坐"邮递马车"……

当然，创造快乐不仅仅只有以上方法，重要的是我们在生活中、工作中，要有一种平和、坦然的心态。